国防科技大学惯性技术实验室优秀博士学位论文丛书

# 基于多视图几何的惯性/立体视觉组合导航方法研究

# The Research About Methods of INS/Stereo-Vision Integrated Navigation Based on Multiple View Geometry

孔祥龙　吴文启　张礼廉　冯国虎　著

国防工業出版社

·北京·

## 内 容 简 介

本书针对无卫星条件下地面无人平台自主导航问题，开展了基于多视图几何的立体视觉辅助惯性导航方法研究；研究了基于多视图几何约束的点、线特征辅助惯性/立体视觉组合导航方法；根据室内、室外环境特点，分别研究了基于消影点辅助及基于偏振光罗盘辅助的惯性/立体视觉组合导航算法；同时，研究了一种不依赖标定板的惯性/立体视觉组合系统快速标定方法。

本书对从事惯性/视觉组合导航系统设计及试验的工程技术人员具有重要参考价值，也可作为高等学校惯性自主导航相关专业的研究生教材。

**图书在版编目(CIP)数据**

基于多视图几何的惯性:立体视觉组合导航方法研究 / 孔祥龙等著. —北京:国防工业出版社, 2020.5
ISBN 978-7-118-12037-0

Ⅰ. ①基… Ⅱ. ①孔… Ⅲ. ①立体视觉-视觉导航
Ⅳ. ①TP242.6

中国版本图书馆 CIP 数据核字(2020)第 031626 号

※

国防工业出版社 出版发行
(北京市海淀区紫竹院南路 23 号 邮政编码 100048)
北京龙世杰印刷有限公司印刷
新华书店经售

*

**开本** 710×1000 1/16 **印张** 7½ **字数** 125 千字
2020 年 5 月第 1 版第 1 次印刷 **印数** 1—1500 册 **定价** 85.00 元



国防书店：(010)88540777 发行邮购：(010)88540776
发行传真：(010)88540755 发行业务：(010)88540717

# 国防科技大学惯性技术实验室
# 优秀博士学位论文丛书
# 编 委 会 名 单

# 序

大学之道，在明明德，在亲民，在止于至善。

——《大学》

国防科技大学惯性导航技术实验室，长期从事惯性导航系统、卫星导航技术、重力仪技术及相关领域的人才培养和科学研究工作。实验室在惯性导航系统技术与应用研究上取得显著成绩，先后研制我国第一套激光陀螺定位定向系统、第一台激光陀螺罗经系统、第一套捷联式航空重力仪，在国内率先将激光陀螺定位定向系统用于现役装备改造，首次验证了水下地磁导航技术的可行性，服务于空中、地面、水面和水下等各种平台，有力地支撑了我军装备现代化建设。在持续的技术创新中，实验室一直致力于教育教学和人才培养工作，注重培养从事导航系统分析、设计、研制、测试、维护及综合应用等工作的工程技术人才，毕业的研究生绝大多数战斗于国防科技事业第一线，为"强军兴国"贡献着一己之力。尤其是，培养的一批高水平博士研究生有力地支持了我军信息化装备建设对高层次人才的需求。

博士，是大学教育中的最高层次。而高水平博士学位论文，不仅是全面展现博士研究生创新研究工作最翔实、最直接的资料，也代表着国内相关研究领域的最新水平。近年来，国防科技大学研究生院为了确保博士学位论文的质量，采取了一系列措施，对学位论文评审、答辩的各个环节进行严格把关，有力地保证了博士学位论文的质量。为了展现惯性导航技术实验室博士研究生的创新研究成果，实验室在已授予学位的数十本博士学位论文中，遴选出 12 本具有代表性的优秀博士论文，结集出版，以飨读者。

结集出版的目的有三：其一，不揣浅陋。此次以专著形式出版，是为了尽可能扩大实验室的学术影响，增加学术成果的交流范围，将国防科技大学惯性导航技术实验室的研究成果,以一种“新”的面貌展现在同行面前,希望更多的同仁们和后来者,能够从这套丛书中获得一些启发和借鉴,那将是作者和编辑都倍感欣慰的事。其二,不宁唯是。以此次出版为契机,作者们也对原来的学位论文内容进行诸多修订和补充,特别是针对一些早期不太确定的研究成果,结合近几年的最新研究进展,又进行了必要的修改,使著作更加严谨、客观。其三,不关毁誉,唯求科学与真实。出版之后,诚挚欢迎业内外专家指正、赐教,以便于我们在后续的研究工作中,能够做得更好。

在此,一并感谢各位编委以及国防工业出版社的大力支持!

吴美平

2015年10月9日于长沙

# 前　言

高精度自主导航技术是发展无人系统平台亟待解决的关键技术之一。惯性导航系统(INS)因其能够提供丰富、自主的导航信息成为自主导航系统的核心设备。但是,惯性导航系统存在导航误差随时间积累的固有弱点,单独使用难以满足长时间自主导航任务需求。视觉图像由于信息丰富,并与惯导信息具有良好的互补性,因此成为理想的惯导误差修正源。惯性/视觉组合导航技术是当前导航领域研究的热点和重要发展方向。

本书共分 6 章。第 1 章介绍惯性/视觉组合导航的研究背景和意义,以及相关技术的研究现状和发展趋势。第 2 章介绍了基本数学模型,主要包括惯性和视觉传感器测量模型及标定方法、捷联惯性导航模型以及多视图几何模型等。第 3 章针对惯性/立体视觉系统标定方法展开研究,提出了一种基于多视图批优化的惯性/立体视觉标定方法。第 4 章研究一种基于多视图几何约束的点、线特征辅助惯性/立体视觉组合导航算法。第 5 章提出一种基于多视图几何及消影点辅助的惯性/立体视觉组合导航方法。第 6 章提出了一种基于 MIMU/立体视觉里程计/偏振光罗盘的组合导航系统。

该书的出版得到了国防工业出版社和国防科技大学惯性技术实验室“优秀博士学位论文丛书”的支持,在此表示感谢!

限于作者的水平和本书所涉及知识面的宽广性,书中难免存在一些不足之处,恳请广大读者批评指正。

作　者

2019 年 6 月

# 目　录

# 第1章 绪　　论

## 1.1 惯性/视觉组合导航概述

现代信息技术的跨越式发展使得战场变得更加透明。为了能在信息化战争中争取主动和优势地位，尽量减少作战人员直接介入高风险战斗，无人武器装备逐渐成为未来战场的“新宠”。

目前，美军无人机占空军飞机总数的比例由2005年的5%上升到2014年的35%；陆军1/3的地面战斗将使用无人作战系统；海军首架X-47B无人机已在航空母舰上完成连续起降试飞，并把无人潜航器列为长期投资领域；无人装备功能不断扩展，侦察、扫雷、救护、加油等任务正逐渐被无人作战系统替代完成，无人作战部队在军队中的比重不断加大。典型的无人武器装备如图1.1所示。

RQ-7A/B“影子”200无人机

REMUS-100自主潜航器

自主探雷机器人

图1.1　典型无人武器装备

导航系统是无人系统的核心组成部分,它是无人系统顺利完成任务的重要保障。《惯性技术词典》将导航定义为[1]:“通过测量并输出载体的运动速度和位置,引导载体按要求的速度和轨迹运动。”惯性导航系统由于其精度高、自主性强、导航信息丰富等优点成为最常用的导航手段,其应用领域覆盖陆地、海洋、空中、空间等各种自主平台[2]。但是,由于惯性测量单元(IMU)不能直接测量运动的位姿信息,而只能测量运动的微分信息:陀螺仪测量姿态的一阶微分——角速度;加速度计测量中包含线运动的二阶微分信息——加速度。因此,必须通过积分来获取最终的位置、速度、姿态等信息,导致惯性导航系统的误差随时间快速积累。低精度的微机电 MEMS 惯性测量单元(MIMU)由于存在较大的零偏和噪声,不能独立地完成自主导航任务。全球定位系统(GPS)作为一种常用的辅助手段,由于信号遮挡或干扰等原因,不能很好地用于室内、城市、峡谷或森林等环境中[3]。因此,不需要接收外界信号的被动导航系统成为很多应用的必然选择。视觉图像由于含有丰富的信息,成为自然界大量物种自主导航的关键。随着计算机视觉技术的快速发展以及处理器能力的快速提升,视觉导航模块已逐渐成为自主智能设备的重要组成部分。惯性/视觉组合导航技术由于低功耗、低成本、高度自主等优势逐渐成为导航领域研究热点和重要发展方[4-17]。近年来,基于惯性/视觉导航的无人设备不断涌现,如图 1.2 所示。

(a) senseSoar无人机[18]

(b) PR2服务机器人[19]

(c) Aqua两栖机器人[20]

图 1.2 惯性/视觉感知平台举例

惯性/视觉组合导航具有以下几个显著的优点:①不需要接收外界无线电信号,有潜力完全自主;②惯性和视觉传感器有良好的互补性,惯导的动态范围宽,误差随时间积累,短时精度高,而视觉动态性相对较低,误差一般随空间累积;③两种传感器都具有成本低、体积小、重量轻、功耗低的优点,因此非常适用于载荷能力受限的微小型自主平台。事实上,生物学研究表明,人类及许多动物的导航能力部分地依靠不同形式的运动传感模块及视觉模块组合[8,21-23]。Corke 等[8]从生物学和工程学角度阐述了这种互补性在生物中的应用和工程应用的前景。

## 1.2 研究现状及发展趋势

常见的惯性和视觉组合导航技术可以分为两类:第一类是以视觉里程计技术(Visual Odometry)[24]为基础,通过检测连续图像中的光流或者跟踪连续图像中的点、线特征来估计载体的运动速度和姿态,并与惯性测量的载体运动信息融合,构建组合导航系统[25-27];第二类是以视觉同步建图与定位技术(Visual SLAM)为基础,通过当前帧图像中的点、线特征与地图数据库中的点、线特征的对应关系来估计当前时刻相机的空间位姿,从而与惯性测量的载体运动信息融合,实现组合导航系统,然后利用估计的最近几个时刻的相机位姿估计结果,重构图像中新的特征,并将这些特征添加到地图数据库中[28-30]。这两类技术的主要区别是前者不需要利用包含特征点和线空间位置参数的地图数据库来估计相机的位姿。

由于组合导航滤波器的计算复杂度与状态空间的维数成平方关系,因此第二类惯性/视觉组合导航技术中将地图数据库中点、线特征的三维空间坐标加入状态变量中,常常面临计算瓶颈。为了解决计算效率问题,文献中常采用局部地图或者激活地图等技术来减少估计的特征数目,从而降低滤波器中状态变量的维数[14,31,32],但仍然难以满足大范围、长航时无人系统的导航需求。

近年来,以视觉里程计技术为基础的惯性/视觉组合导航技术逐渐流行起来。这类算法通常具有恒定的更新速率(Constant Update Time),特别适合于大范围、长航时无人系统的导航。但是,一方面文献中大部分立体视觉里程计辅助惯性导航系统都采用松耦合的方式进行信息融合[12,25,26,33],即利用立体视觉里程计输出的相对位置和相对姿态变化来修正惯导误差,此方法由于耦合结构松散,因此常会损失信息和精度[34];另一方面,大部分惯性/视觉组合导航系统普遍采用点特征作为辅助手段,容易受到光照条件、特征数量及分布等影响,使得组合系统精度和鲁棒性较差。因此,研究基于点、线特征辅助的紧耦合惯性/立体视觉导航方法对提高组合导航系统的精度和鲁棒性具有重要意义。

另外,从可观性角度讲,惯性/视觉导航系统的全局航向和位置是不可观的,因而会导致误差的快速累积[14,35-37]。其中位置误差可以通过建立拓扑节点的方法来修正[38]。一般来说,航向误差对于导航结果影响较大,需要采用其他辅助手段来抑制其发散[39]。目前,大多数的系统采用地磁传感器来测定航向[26,40],但是实际使用中地磁信息很容易受到干扰,不易使用。因此,有必要考虑更多类型的航向误差抑制手段,以进一步提高组合导航精度。

最后,为了获得高精度的组合导航结果,需要解决多传感器间的时间、空间标定问题。一般情况下,惯性、视觉的时间配准可由硬件同步触发的方式来实现,而其空间相对关系的标定要复杂得多。现有的惯性/视觉组合导航系统标定技术大多实现复杂、依赖标定板等设备,而且没有考虑立体视觉系统的特殊性,因此有必要研究能够发挥立体视觉优势、不依赖外部设备的快速标定方法,为后续惯性/立体视觉组合导航提供良好的基础。

### 1.2.1 视觉导航技术

近年来,由于计算机处理能力的提升以及图像处理专用硬件的出现,视觉导航的研究和应用越来越广泛。按照对导航地图的依赖性,Guilherme 等[41]将视觉导航技术分为基于地图型(Map-Based)、地图生成型(Map-Building)以及无地图型(Map-Less)。基于地图型导航方法利用预先存储的度量地图(Metric Map)或拓扑地图(Topological Map),结合实拍图像,通过匹配来进行载体的定位。Dellaert 等[42]提出了一种基于粒子滤波的机器人自定位方法,其中环境地图被表示为二维网格地图(Occupancy Map)[43]。Lerner 等[44]提出了一种利用数字高程地图匹配的视觉导航算法,直接利用两视图几何及数字高程地图建立导航参数的几何约束,进而通过优化算法求解导航参数,仿真和实际飞行实验验证了算法的有效性。N. Winters 和 J. S. Victor 利用全景相机,通过离线学习构建了环境的拓扑图,并通过匹配实时图像与拓扑图节点中图像的办法来进行导航[45]。M. Cummins 和 P. Newman 利用贝叶斯估计理论设计了 FAB-MAP 的算法框架,该算法被广泛地应用于拓扑空间中节点的识别与匹配[46]。

基于地图的导航方法需要已知环境的地图信息,因此限制了使用范围。为了保证无人系统在陌生环境下的导航能力,能够在线生成地图的同时定位与构图(Simultaneous Localization and Mapping, SLAM)算法不断发展[47-50]。但是,SLAM 算法需要同时估计系统状态以及三维环境特征,常常面临计算瓶颈。为了解决计算效率问题,文献中常采用局部地图或者激活地图等技术来减少估计的特征数目,从而降低滤波器中状态变量的维数。但仍然难以满足大范围、长航时无人系统的导航需求。

无地图视觉导航方法不需要事先已知或在线构建环境地图。主要的无地图导航方法包含光流法以及基于特征跟踪的导航方法。当摄像机在(静态或动态的)场境中移动时,图像会发生相应的变化,图像中观察到的灰度模式的表观运动即所谓的光流场[51]。运动场(Motion Field)则是三维物体的实际运动在图像上的投影。理想情况下,光流场和运动场是相互吻合的,因此可以通过估计光流场来估计相机运动。光流的计算方法主要基于 Horn 和 Schunky 开发的稠密光流法[52]以及 Lucas 和 Kanade 开发的稀疏光流法[53]。受昆虫导航启发,光流法通常用于无人飞行器的反应式导航,例如障碍检测或自主降落[54]。Chao 等[55]综述了光流技术在机器人导航领域的应用。基于特征跟踪的视觉导航方法通过提取和跟踪连续图像帧中的点、线、面等特征元素来获取导航信息。由于类似于轮式里程计,该方法通常也被称为视觉里程计。该项技术最早可追溯到 Moravec[56]的工作,其工作包含了沿用至今的视觉里程计处理框架:图像采集、畸变校正、特征点提取、立体匹配、特征点追踪、野值剔除、运动估计。Matties 等进一步发展了 Moravec 的工作,并且最终实现了用于美国国家航空航天局(NASA)火星探测器上的视觉里程计算法[57-60]。2004 年,Nister 等设计了第一个实时的视觉里程计系统,并针对单目视觉和立体视觉系统分别提出了相应的处理流程和算法,同时确立了“视觉里程计”这一名称[61]。单目视觉由于缺少尺度信息,因此通常将前两个视图的距离设为 1,并且利用三维场景结构或者三焦张量来传递相对尺度[24]。而立体视觉可以通过三角测量的方法获取尺度信息,从而可直接估计六自由度运动信息,因此大多数视觉里程计研究都基于立体视觉系统。关于视觉里程计技术,Scaramuzza 和 Fraundorfer[24,62]的综述文章给出了详尽的总结。

### 1.2.2　惯性/视觉标定技术

要进行多传感器信息融合,首先要解决的问题即是多传感器信息的时间、空间配准,也就是标定问题。一般情况下,惯性、视觉组合的时间配准由硬件同步脉冲来实现[17,30]。而其空间配准问题要复杂得多,也因此得到学术界很多关注。两个传感器的空间配准是机器人领域的常见问题,通常被抽象化为类似“$\boldsymbol{AX}=\boldsymbol{XB}$”的问题。其中 $\boldsymbol{A}$ 和 $\boldsymbol{B}$ 为已知运动在不同传感器坐标系下的表示,而 $\boldsymbol{X}$ 表示要求解的两个坐标系间关系。从 20 世纪 80 年代起,许多学者致力于该问题的求解[63-66]。

惯性/视觉标定问题是与上述空间配准问题类似但更为复杂的问题。通过观察场景中某些已知尺寸物体,相机即可以估计出自运动。但是,由于 IMU 不能直接测量运动,而只能测量角运动的一阶微分(角速度)以及线运动的二阶微分(加速度),因此不能直接利用上述方法求解。另外,低成本的IMU测量噪声比较大,因此通常需要比较强的运动激励才能提供合适的信噪比,从而满足精确标定的需要。现有的惯性/视觉标定方法主要分为三类:解耦标定法、基于卡尔曼滤波的标定方法以及基于批处理技术的标定方法。

所谓解耦标定方法是将两个传感器间的旋转和平移分开标定。Lang等[67]利用两个传感器之间的姿态变化量信息以及手眼(Hand-eye)标定方程[68]来建立优化目标函数,从而求解传感器间的相对姿态参数。这种方法的缺点是没有利用IMU中的加速度计信息,而且忽略了两传感器相对位置参数的影响。Lobo等[69]使用两步法,首先使相机和IMU在不同位置静止测量重力矢量方向来估计相对姿态参数。然后,使系统绕过IMU中心的不同旋转轴旋转来估计平移参数。此方法的缺点是姿态参数的估计精度更多地依赖加速度计精度,而且在估计平移参数时IMU中心难以确定,操作复杂。中国矿业大学杨克虎等[70]同样采用观测重力矢量的方法给出了相机和IMU相对姿态关系,仿真表明标定结果的相对误差小于7%。

目前,更加常用的是基于卡尔曼滤波的标定方法。该方法将标定参数估计问题转化为状态估计问题,将标定参数增广到用于位姿估计的卡尔曼滤波器的状态量中,从而通过估计增广状态矢量来得到标定参数。该方法的优点是不仅能用于离线标定,也可以用于在线参数自标定。Mirzaei等[71]首次提出了利用扩展卡尔曼滤波器(EKF)来估计惯性/视觉标定参数的方法,并且分析了有标定板情况下的系统可观性条件:必须激励至少两个自由度的旋转。Kelly等[35]进一步分析了无标定板情况下的可观性条件,并且利用Unscented Kalman Filter(UKF)来实现滤波算法,其标定精度相对于EKF实现有所提高。Brink等[72]将此方法扩展到IMU与多个相机的标定,同时在初始估计参数误差比较大的情况下利用Consider UKF[73]来提高估计精度,仿真结果表明在初始条件较苛刻情况下滤波器依然表现出很好的性能。Jones等[14]分析了惯性/视觉导航的系统模型,并且证明在运动“足够丰富”的条件下,系统状态以及标定参数可以同时在线估计。同时,该书还设计并实时实现了相应的滤波算法。中国科学院自动化所杨浩等[74]提出了一种基于UKF的鲁棒惯性/视觉相对位姿标定方法。为了减少重力加速度对标定精度的影响,作者采用迭代技术对IMU系下的重力加速度进行实时估计[74]。仿真和实验结果表明,在初始误差较大或系统受到严重非线性干扰时,该方法仍能够得到很好的标定结果。Li Mingyang等[75]提出了一种在线自标定算法,该算法的特殊性在于其状态中不仅包含了相机和惯导之间的相对位姿,而且包含了相机内参(焦距、主点和畸变参数)以及IMU的尺度因子、g-敏感性等一系列参数。仿真和实验表明,在充分运动激励条件下将所有相关参数加入滤波器后,额外增加的参数是可辨识的,系统仍然是可观的[75]。但是,文章没有给出以上结论的正式证明(或证伪)。此外,Hol 等[76]利用系统辨识技术来估计标定参数,利用高斯-牛顿方法来优化 EKF 的新息,取得了更好的估计效果。

基于滤波的标定方法虽然得到了很多应用,但是有学者指出[77]:理论上,标定参数在估计过程中应该为常量,而基于滤波的方法会时刻改变标定参数以最优地描述当前测量。在离线标定时,所有数据应该以批处理的方式来进行优化,而不是像滤波方法一样进行序贯处理[77]。该书通过 B 样条基函数将系统状态建模成连续时间形式,进而将惯性/视觉标定问题转化为非线性批优化(Batch Optimization)问题。仿真和实验表明,该方法比基于卡尔曼滤波的标定方法更优[77]。Furgale[78]将此方法扩展到多相机与惯导系统的标定,并且将空间和时间标定纳入统一框架来优化,仿真和实验结果表明该方法不仅能精确标定空间相对关系,而且能标定两系统的时间偏差。但是,Furgale 的方法也有不足之处,首先其没有考虑多个相机间已知的安装关系,例如本书中使用的立体视觉系统,其安装关系精确已知且相对稳定,完全可以作为已知约束来增加标定精度;另外,以上基于批优化的方法均需要标定板等附加设施来完成标定。标定过程中,标定板的主要用途是提供一个参考基准,以便相机能够精确计算自运动,因而必须保证标定板在相机视野范围内,这限制了整个系统的运动及动态范围,也因此限制了标定精度。单目相机由于缺乏尺度信息,难以摆脱对标定板的需要。但是,对于使用立体视觉的系统,在标定这种环境可控的问题中,完全可以通过立体 SLAM 等方法估计出相机自身运动和结构,从而在不依赖标定参考的条件下完成标定过程。

### 1.2.3　惯性/视觉组合导航技术

当前,存在多种惯导和视觉信息融合的方法,主要可以分为两大类:一类是基于批优化的方法,这种方式通常用所谓的捆绑优化(Bundle Adjustment)[79]技术。该技术将惯性和视觉的信息以及所提取特征的三维位置同时估计,一般用于离线处理,而不能用于实时导航。绝大多数实时惯性/视觉组合导航解都基于卡尔曼滤波技术或其变种。根据惯性与视觉信息融合的方式,可以分为松耦合方式和紧耦合方式[8]。如图 1.3 所示,松耦合方式将惯导信息和视觉信息分别处理,然后用视觉系统输出的相对位姿信息来校正惯导误差。紧耦合方式在更低的层次上融合惯导和视觉信息,融合得更紧密,通常精度更高,其结构如图 1.4所示。最常用的紧耦合策略是将特征的三维位置信息增广到卡尔曼滤波的状态矢量,对载体运动和场景结构同时进行估计[28-30]。由于组合导航滤波器的计算复杂度与状态空间的维度呈超平方关系,此种方法常常会面临计算瓶颈。为了处理这一问题,Mourikis 等[9]提出采用扩展历史位姿信息为状态变量的方式,而使用匹配的特征点信息来约束多个状态。此方式能够适当地降低计算复杂度,但其所带来的代价是算法处理比较复杂而且空间复杂度高。Hu 等[15]提出了采用三视图几何约束作为导航辅助,有效地平衡了精度和计算复杂度。

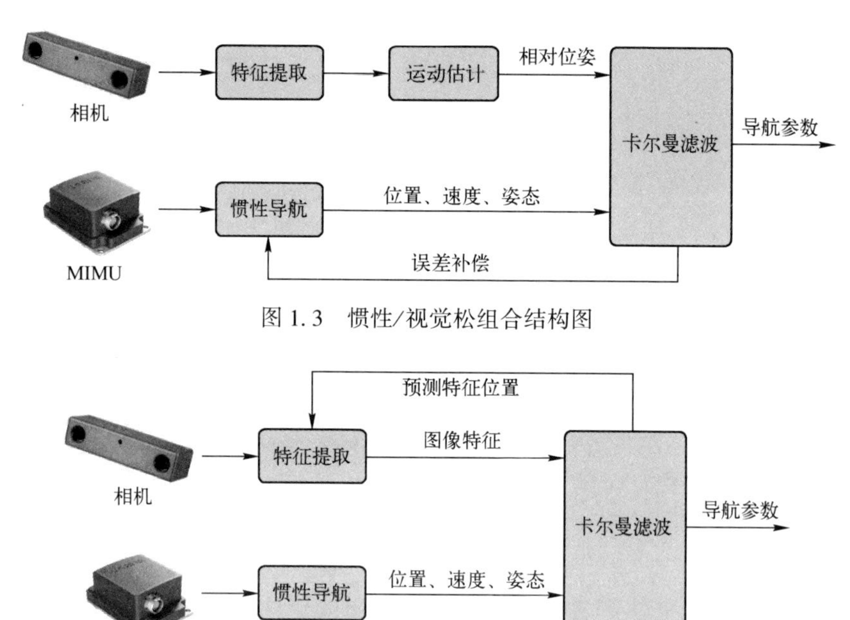


图 1.3 惯性/视觉松组合结构图

图 1.4 惯性/视觉紧组合结构图

国内如清华大学、哈尔滨工业大学、国防科技大学、北京航空航天大学、南京航空航天大学、西北工业大学、电子科技大学、中国科学院大学等高校和科研机构在机器人导航、空间交会对接、月球车自主导航等诸多领域展开了大量有针对性的研究工作。哈尔滨工业大学崔乃刚等[80]提出了一种考虑设备输出延迟的无人机视觉相对导航 Sigma-point 卡尔曼算法,给出了长机与僚机之间的相对视线测量方程,并给出了延迟后的测量值与当前惯导信息的融合方法,仿真证明了方法的有效性。空军工程大学王龙等[81]针对无人机自主空中加油问题,提出了一种紧耦合惯性/视觉相对位姿测量方法。在考虑杆臂效应的情况下推导了松、紧耦合下的量测方程,并采用扩展卡尔曼滤波来估计惯导系统误差状态。仿真结果表明,与松耦合模式相比紧耦合方式精度高且实时性好[81]。国防科技大学冯国虎[82]对于惯导/单目视觉组合的可观性分析和动态滤波算法展开了深入研究,提出了一种基于矩阵卡尔曼滤波的惯性/视觉组合导航算法,并针对点、线特征辅助情况分别进行了分析和实验验证。北京航空航天大学杜光勋等[83]研究了基于隐式卡尔曼滤波的惯性/视觉组合系统位置估计算法,给出了详细的滤波器设计过程,仿真验证了滤波器的收敛性及精度。哈尔滨工业大学宋申民等[84]针对四自由度空间对接仿真平台位姿估计问题,提出了一种截断奇异值 UKF(TSVD-UKF)算法用于惯性与视觉信息的融合,避免了 UKF 计算量过大等问题,实验结果表明算法能在保证精度的前提下有效地降低计算量。

从公开发表的论文来看,到目前为止,惯性/视觉组合导航技术的研究以国外居多,有很好的技术积累,近年来更是得到了快速的发展。国内这方面的研究仍相对滞后,与国际先进水平相比有较大差距,主要表现在算法验证多以仿真和离线处理为主,实时的实验验证较少。

### 1.2.4 惯性/视觉组合导航系统可观性分析

可观性是动态系统的内在属性,它刻画了系统状态的可估计性。一个系统可观意味着它包含了完成估计、辨识等任务的所有信息[85]。线性时不变系统的可观性理论很完善,但对于惯性/视觉组合导航这种非线性系统却并非如此。实际上,研究非线性系统可观性的通用方法并不存在[86]。目前,很多领域如导航领域中,研究的大多是线性可观性,比如通过矩阵秩研究线性化系统的可观性。即使对于线性时变系统,可观性也不好处理,因为格拉姆可观性矩阵(Gramian Matrix)可能很难计算。如果线性时变系统可以很好地近似成分段线性定常系统并且每个线性定常系统满足一定的条件,则原来线性时变系统的主要可观性特点可以通过研究多个线性定常系统的可观性的叠加矩阵得到[87]。Kim 等[88]根据此思想分析了线性化形式的惯性/视觉导航系统在不同机动条件下的可观性。但是,线性化系统的可观性并不等价于原非线性系统的可观性。最近,许多非线性局部可观性研究工作采用了微分几何和 Lie 代数的方法。Martinelli[89]和 Weiss[90]利用 Lie 代数方法分析了不同传感器组合情况下的系统的可观性。Martinelli[91]同时分析了仅使用部分 IMU 信息情况下的惯性/视觉可观性问题,得到了很多有意义的结果。Kelly[35]和 Jones[14]分别利用不同的非线性可观性分析工具分析了自标定条件下的惯性/视觉导航系统可观性问题。结论表明,系统的全局位置和全局航向是不可观的,系统误差会在不可观方向长期积累。

由于航向误差对导航误差的影响较大,因此有必要引入其他辅助传感器来获得绝对航向。通常利用磁传感器作为航向修正手段[26,40]。但是,由磁性物质和铁磁材料引起的局部地磁场干扰极大地影响磁航向的估计精度。自然界中很多动物通过观察天空偏振模式来感知航向。例如:候鸟长距离迁徙时,会用到天空偏振来标定其体内的磁罗盘[92];蜜蜂也利用偏振光罗盘来实现觅食地和巢穴间的导航[93]。受这些研究结果启发,多个研究小组研制了仿生偏振光罗盘[94,95],并利用天空偏振模式来进行辅助导航。本书使用实验室自行研制的偏振光罗盘作为辅助信息,进一步提高惯性/视觉组合导航精度。

另外,在结构化环境中,例如所谓的曼哈顿世界[96]中,相互正交的直线特征能够建立场景的绝对坐标系。利用此信息也可有效地计算载体相对于场景的姿态信息,从而抑制航向误差的发散,提高总体导航精度。

# 第2章　惯性导航与视觉测量模型

本章主要介绍后续章节中使用的微惯性测量单元以及摄像机的相关模型。2.1节介绍常用的坐标系以及相关符号；2.2节介绍捷联惯性导航算法框架，以及微型惯性传感器测量模型和噪声模型；2.3节介绍摄像机测量模型及标定方法，并介绍后续章节使用的多视图几何模型；2.4节对本章进行小结。

## 2.1　坐标系定义及其转换关系

为了描述载体的位姿信息，需要定义相应的参考坐标系。本书常用坐标系如下：

(1) MIMU坐标系$\{I\}$：以MIMU中心为原点，三轴分别指向MIMU的测量轴。

(2) 相机系$\{C\}$：以相机投影中心为原点，$Z_c$轴平行于光轴并指向相机前方，$X_c$轴与图像平面的$X$轴平行。

(3) 世界坐标系$\{W\}$：假想的惯性系，用于相机和惯导的绝对参考，通常选为当地地理系。

坐标系相互关系如图2.1所示。其中，惯导和立体相机刚性安装。后文中用上角标表示矢量在某一坐标系下的投影。用矢量用来表示两个坐标系的相对位姿，用联合下标表示矢量的方向，例如用$\boldsymbol{t}_{IC}$来表示从$\{I\}$系原点到$\{C\}$系原点的矢量，用$\boldsymbol{R}_{IC}$表示$\{C\}$系在$\{I\}$系下的方向余弦矩阵。

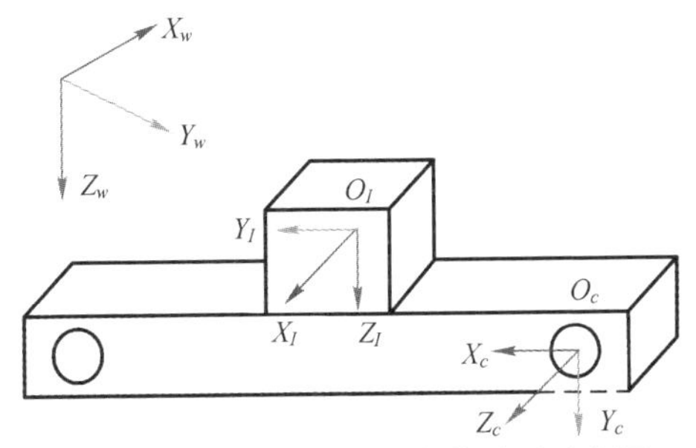


图2.1　惯性/立体视觉安装关系示意图

## 2.2 微型惯性传感器模型

惯性导航是建立在牛顿经典力学基础上的一种自主导航方法。利用陀螺仪和加速度测量的角速度和比力(除重力以外的加速度),通过航位推算来计算出载体的姿态、速度和位置[97]。

从20世纪六七十年代以来,惯性导航已被广泛用于海、陆、空、天等多种平台。早期的惯性导航系统通常利用陀螺稳定平台建立空间姿态基准,将惯性器件与载体之间的转动隔离。平台式惯导系统通常结构复杂,体积、功耗大,造价昂贵,但是精度高,通常应用于需要精确估算导航参数的场合。

20世纪80年代后期,随着计算机技术的进步,以计算机为核心的虚拟数学平台得以取代物理平台,形成现代捷联惯性导航系统。捷联惯导系统将惯性传感器直接固联在载体上,使得系统结构简单、重量和体积减小、价格较低、可靠性高。目前,基本所有的新应用都基于捷联技术(而不是平台)[98]。

近年来,随着微机电技术的飞速发展,MEMS惯性器件的精度和可靠性有了很大提高。由于其体积小、重量轻、功耗低等优点,MEMS惯性器件已经大量应用在各种微小型导航系统中[99]。本书主要使用MEMS惯性器件,因此本节集中讨论MEMS器件的模型及相关导航算法。

### 2.2.1 捷联惯性导航

捷联惯导的简化流程如图2.2所示。由于IMU直接测量的信息只有关于运

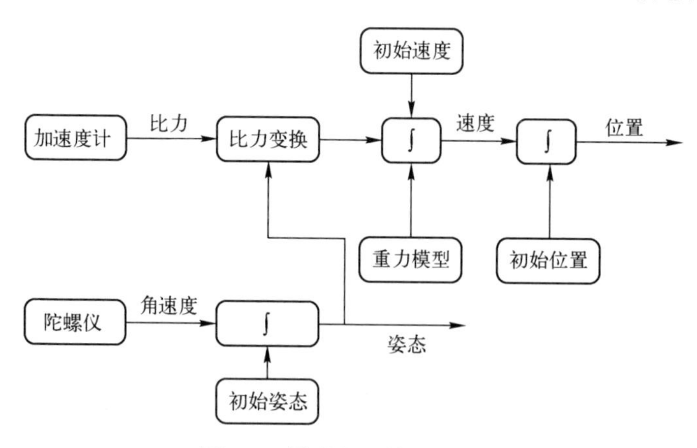


图2.2 捷联惯导简化流程图

动微分信息(陀螺测量姿态的一阶微分信息——角速度;加速度计测量含有线速度的二阶导数信息),因此需要对 IMU 输出进行积分来得到需要的姿态、速度、位置等信息。捷联惯性导航数据处理流程包括姿态更新和速度、位置更新等几个过程[97]。

### 2.2.2 MEMS 惯性传感器模型

惯性导航系统中包含三轴陀螺和三轴加速度计,分别测量载体的角速度及比力。通常,惯性传感器的测量值包含零偏分量,并且此零偏分量会随时间缓慢变化,尤其对于 MEMS 惯性传感器。另外,传感器误差一般还包含比例因子误差、交叉耦合误差、轴不对准误差等。这里假设 MIMU 经过出厂标定上述误差项得到很好的校正,因此下面不予考虑。

#### 2.2.2.1 MEMS 陀螺仪

MEMS 陀螺仪一般基于哥氏效应(Coriolis Effect)对振动质量块的作用来检测惯性转动[2]。作线性振动的质量块在旋转角速度的作用下会产生正交于振动方向和旋转方向的加速度,通过检测由此加速度引起的位移即可测量相应的角速度。按质量块运动方式区分,有振动式和旋转式,其中振动式又分为线振动音叉、角振动轮、半球谐振环,旋转式又分为磁悬浮和静电悬浮;按驱动方式来区分,有静电驱动、电磁驱动、压电驱动和热驱动等;按检测方式来区分,有压阻检测、电容检测、压电检测和光学检测[100]。MEMS 陀螺仪输出值可建模为如下形式[35]:

$$\widetilde{\boldsymbol{\omega}}^{I}=\boldsymbol{\omega}_{WI}^{I}+\boldsymbol{b}_{g}+\boldsymbol{n}_{g} \tag{2.1}$$

式中:$\boldsymbol{\omega}_{WI}^{I}$为角速度在 MIMU 坐标系下的投影;$\boldsymbol{n}_{g}$ 为零均值高斯随机白噪声;$\boldsymbol{b}_{g}$为陀螺零偏矢量,可以用随机游走过程近似描述:

$$\dot{\boldsymbol{b}}_{g}=\boldsymbol{n}_{gw} \tag{2.2}$$

式中:$\boldsymbol{n}_{gw}$为方差 $\boldsymbol{Q}_{gw}$ 的零均值高斯白噪声。

#### 2.2.2.2 MEMS 加速度计

MEMS 加速度计一般由固体质量块、悬挂系统以及检测电路组成,通过检测质量块的位移来获得加速度信息。根据原理不同,主要有压阻式、电容式、压电式、隧道电流式、热电偶式和电磁式[100]。MEMS 加速度计输出可建模为如下形式[35]:

$$\widetilde{\boldsymbol{f}}^{I}=\boldsymbol{R}_{WI}^{\mathrm{T}}(\boldsymbol{a}_{WI}^{W}-\boldsymbol{g}^{W})+\boldsymbol{b}_{a}+\boldsymbol{n}_{a} \tag{2.3}$$

式中:$\boldsymbol{a}_{WI}^{W}$为载体加速度在世界系下投影;$\boldsymbol{n}_{a}$ 为零均值高斯白噪声;$\boldsymbol{b}_{a}$ 为加表零偏矢量,可以用随机游走过程近似描述:

$$\dot{\boldsymbol{b}}_a = \boldsymbol{n}_{aw} \tag{2.4}$$

式中:$\boldsymbol{n}_{aw}$为方差为$\boldsymbol{Q}_{aw}$的零均值高斯白噪声。

#### 2.2.2.3 MEMS 惯性传感器标定

MEMS 惯性器件的误差一般包含系统性误差和随机误差。由于本书使用的为商用的 MIMU,因此系统性误差(如比例因子误差、交叉耦合误差等)经出厂标定而得到很好的补偿。除了系统误差,传感器还受到随机误差的影响。由定义可知,随机噪声不能定义成确定的形式,通常将不同类型的随机噪声建模成随机过程。由于多传感器信息融合过程需要知道传感器的噪声特性来确定各个分系统信息的权重,因此这里需要对 MIMU 的随机噪声特征予以很好的建模。

估计惯性传感器噪声特性有很多种方法[101]。这些方法的基本思想是相似的,就是把待测设备看为黑箱,通过分析频域输入、输出传递函数来估计随机误差项。因为实际中不可能直接观测到输入,因此通常将输入假设为白噪声。对于线性时不变系统,此技术能够仅仅使用系统输出来辨识未知模型[102,103]。

同样,也存在很多时域的建模方法。其基本方法也是相似的,不同点主要在于信号处理中加权函数及窗函数等选取的不同,其中 Allan 方差分析法最为简单[103]。Allan 方差分析法[104]是由 David Allan 在 1966 年研究振荡器稳定性问题时提出的,在 1997 年被 IEEE 标准引用来分析惯性器件的噪声特性。简单来讲,Allan 方差是用于表征随机误差均方根随平均时间变化的方法,其主要特点是容易计算且比较容易理解和解释[103]。假设以采样周期 $t_0$ 对器件连续采样 $N$ 个连续数据点 $x_j, j=1,2,\cdots,N$。将数据分成 $K=N/n$ 组,每一组包含 $n$(通常 $n=2^j, j=0,1,2,\cdots,n<N/2$)个采样数据,如图 2.3 所示。每组数据的平均值为

$$\bar{x}_k(n) = \frac{1}{n}\sum_{i=1}^{n} x_{(k-1)n+i}, \quad k = 1,2,\cdots,K \tag{2.5}$$

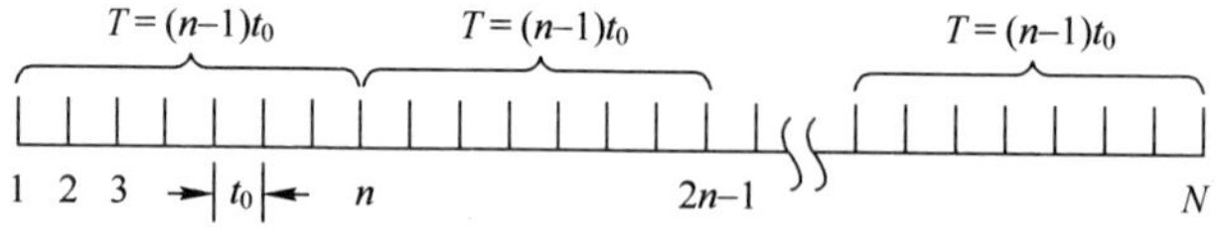

$T=(n-1)t_0$　$T=(n-1)t_0$　$T=(n-1)t_0$

1 2 3 $t_0$ $n$ $2n-1$ $N$

图 2.3 Allan 方差分组示意图

则 Allan 方差定义为

$$\sigma_{\mathrm{A}}^2(T) = \frac{1}{2}\langle [\bar{x}_{k+1}(n) - \bar{x}_k(n)]^2 \rangle \approx \frac{1}{2(K-1)}\sum_{k=1}^{K-1} [\bar{x}_{k+1}(n) - \bar{x}_k(n)]^2 \tag{2.6}$$

式中:$T=nt_0$ 为每组时间;$\langle \cdot \rangle$ 表示总体平均值。由于计算时采用有限长的数据,因此存在估计误差,可以证明 Allan 标准差的相对估计误差可表示为[105]

$$\delta=\frac{\sigma(T,M)-\sigma(T)}{\sigma(T)}=\frac{1}{\sqrt{2(N/n-1)}} \tag{2.7}$$

式中:$\sigma(T,M)$ 为 $M$ 个独立的分组计算出的 Allan 标准差。当 $M$ 趋于无穷时,$\sigma(T,M)$ 接近其理论值 $\sigma(T)$。由式(2.7)可知,分组 $K=N/n$ 越多,即每组的时间 $T$ 越短,则估计的相对误差越小,相反则越大。若采样周期为 $t_0=0.01\text{s}$,如果要求在组时间 $T=100\text{s}$ 的 Allan 标准差计算误差为 10%,则样本长度至少为 510000,即采集时长约为 1.5h。

在对数据进行 Allan 方差分析后,可以得到整个 Allan 标准差曲线(一般用双对数图表示),由曲线上各段的斜率变化即可分离出各项随机误差系数。由于篇幅关系,这里只给出噪声特性与各段 Allan 标准差曲线的对应关系,如表 2.1所列。表中 $f_0$ 表示截止频率,$B$ 表示零偏稳定性系数。关于噪声项对应的详细推导请参考文献[103]。

表 2.1 Allan 标准差曲线与噪声项对应关系

| 噪声项 | 功率谱密度 | Allan 标准差 | 斜率 | $T$ |
|---|---|---|---|---|
| 角(速度)随机游走 | $S_{\dot{x}}(f)=Q^2$ | $\sigma_{\text{ARW}}(T)=\frac{Q}{\sqrt{T}}$ | $-\frac{1}{2}$ | 1 |
| 零偏稳定性 | $S_{\dot{x}}(f)=\begin{cases}\frac{(B)^2}{2\pi f}, & f\leqslant f_0\\ 0, & f>f_0\end{cases}$ | $\sigma_{\text{Bias}}(T)\approx 0.6643B$, $T\gg\frac{1}{f_0}$ | 0 | — |

下面以本书使用的 MIMU 为例给出相关的分析结果。本书使用的 MIMU 是由荷兰 Xsens 公司生产的 Mti-G-700 型微惯性测量单元,其中包含三轴加速度计、三轴陀螺、三轴磁强计以及高度计,可通过串口进行数据通信。其大小为 58mm×58mm×22mm,质量仅 50g,功耗 350mW。其惯性器件标称性能指标如表 2.2所列。

表 2.2 MTi-G-700 惯性器件标称性能指标

| 指标 \ 器件 | 陀螺仪 | 加速度计 |
|---|---|---|
| 量程 | ±450(°)/s | $\pm 50\text{m/s}^2$ |
| 零偏重复性 | 0.2(°)/s | $0.03\text{m/s}^2$ |
| 零偏稳定性 | 10(°)/h | 40μg |
| 噪声密度 | $0.01(°)/\text{s}/\sqrt{\text{Hz}}$ | $80\mu g/\sqrt{\text{Hz}}$ |
| 带宽(-3dB) | 450Hz | 375Hz |

为了实际评估惯性器件的性能,对 Mti-G-700 进行了三次长时间(超过 4.5h 时)的静态测试,其结果如表 2.3 所列,其中前两组测试相隔时间比较近,后一组测试时间与前两组相隔时间较久。可以看到,不同时间测试,噪声参数基本稳定,并且与标称指标相近。其中一组典型的陀螺和加表数据的 Allan 标准差曲线分别如图 2.4 和图 2.5 所示。

表 2.3　MTi-G-700 Allan 标准差测试结果

| 评估结果 | | 测试 1(8.39h) | 测试 2(5.39h) | 测试 3(4.54h) |
|---|---|---|---|---|
| 零偏稳定性/((°)/h) | $G_x$ | 9.96 | 10.53 | 9.65 |
| | $G_y$ | 10.40 | 11.22 | 9.26 |
| | $G_z$ | 10.81 | 11.82 | 12.84 |
| 噪声密度/((°)/s/$\sqrt{\text{Hz}}$) | $G_x$ | 0.0091 | 0.0093 | 0.0099 |
| | $G_y$ | 0.0103 | 0.0109 | 0.0095 |
| | $G_z$ | 0.0114 | 0.0114 | 0.0093 |
| 零偏稳定性/μg | $A_x$ | 93.404 | 82.608 | 86.425 |
| | $A_y$ | 79.908 | 76.657 | 79.522 |
| | $A_z$ | 78.210 | 75.676 | 82.587 |
| 噪声密度/(m/s²/$\sqrt{\text{Hz}}$) | $A_x$ | 42.491 | 43.547 | 40.471 |
| | $A_y$ | 49.244 | 46.417 | 44.806 |
| | $A_z$ | 30.023 | 26.303 | 37.135 |

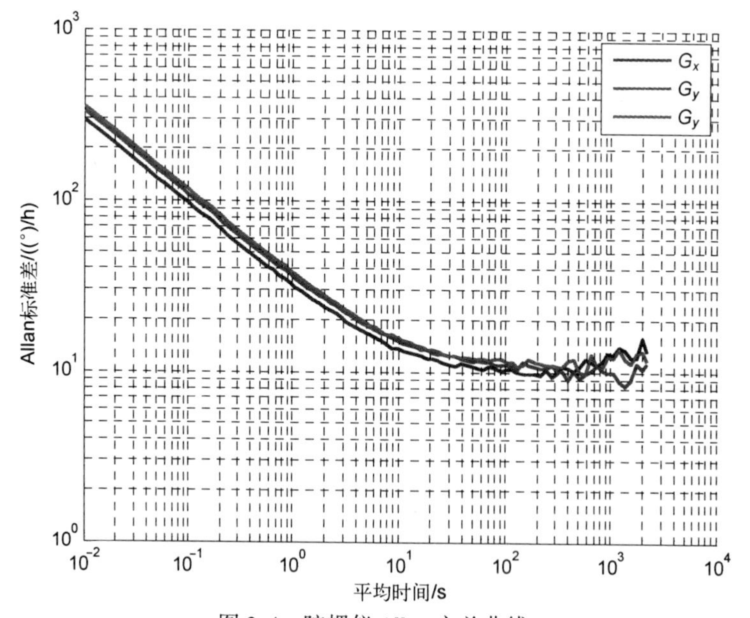


图 2.4　陀螺仪 Allan 方差曲线

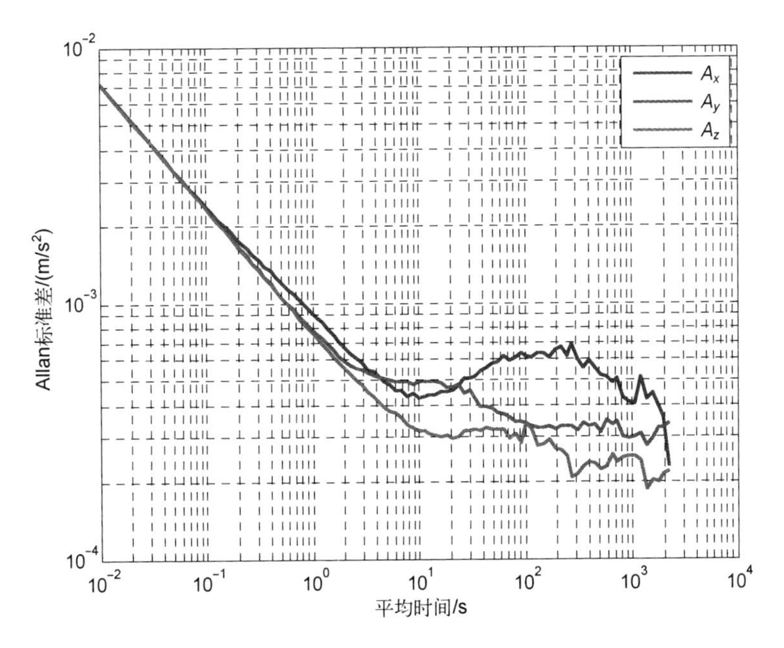


图 2.5　加速度计 Allan 方差曲线

# 2.3　视觉测量模型

## 2.3.1　摄像机成像模型

摄像机的成像模型是对三维世界到二维成像平面映射关系的描述。为了定量描述成像过程,需要引入如下两个坐标系:

1) 像素坐标系

图像在计算机内存储是以离散像素点形式存在的,每一幅数字图像在计算机内为 $m \times n$ 维矩阵。如图 2.6 所示,为描述像素点在图像的位置,在图像上定义平面直角坐标系 $O_0-uv$,每一像素的坐标$(u,v)$为该像素在图像矩阵的列数与行数。

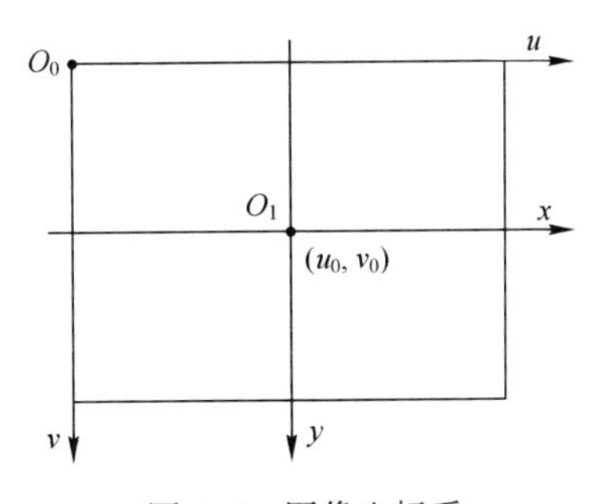


图 2.6　图像坐标系

2）图像平面坐标系

由于以上像素坐标系没有给出带有物理单位的信息，因此需要建立以物理单位表示的图像坐标系。其原点为光轴与图像平面的交点，$x$ 轴和 $y$ 轴分别平行于 $u$、$v$ 轴。其中，原点的像素坐标表示为$(u_0,v_0)$。若另 $\mathrm{d}x$、$\mathrm{d}y$ 分别表示每一个像素在 $x$ 轴与 $y$ 轴方向的物理尺寸，则像素坐标与图像平面坐标的相互关系为

$$\begin{cases} u=\dfrac{x}{\mathrm{d}x}+u_0 \\ v=\dfrac{y}{\mathrm{d}y}+v_0 \end{cases} \tag{2.8}$$

可用齐次坐标表示为

$$\begin{bmatrix} u \\ v \\ 1 \end{bmatrix}=\begin{bmatrix} \dfrac{1}{\mathrm{d}x} & 0 & u_0 \\ 0 & \dfrac{1}{\mathrm{d}y} & v_0 \\ 0 & 0 & 1 \end{bmatrix}\begin{bmatrix} x \\ y \\ 1 \end{bmatrix} \tag{2.9}$$

#### 2.3.1.1 理想摄像机几何模型

目前，广泛使用的摄像机模型为所谓的针孔模型，由三维空间到平面的中心投影变换给出。该模型可以很好地近似描述成像过程，并且模型简单，可由矩阵描述。

如图 2.7 所示，点 $O_c$ 为相机投影中心，它到投影平面 $\pi$ 的距离为焦距 $f$。光轴或主轴为过光心且垂直于图像平面的直线，其与像平面的交点称为主点。空间点 $\boldsymbol{M}$ 在平面 $\pi$ 上的投影 $\boldsymbol{m}$ 是以点 $O_c$ 为端点并经过点 $\boldsymbol{M}$ 的射线与平面 $\pi$ 的交点。若令空间点$\boldsymbol{M}^C=(x_c,y_c,z_c)^{\mathrm{T}}$ 的像点坐标为 $\boldsymbol{m}=(x,y)^{\mathrm{T}}$。根据三角形相似原理，可推知空间点 $\boldsymbol{M}$ 与其像点 $\boldsymbol{m}$ 满足如下关系：

$$\begin{cases} x=\dfrac{fx_c}{z_c} \\ y=\dfrac{fy_c}{z_c} \end{cases} \tag{2.10}$$

式(2.10)用齐次坐标表示为如下形式：

$$z_c\underline{\boldsymbol{m}}=\begin{bmatrix} fx_c \\ fy_c \\ z_c \end{bmatrix}=\begin{bmatrix} f & 0 & 0 & 0 \\ 0 & f & 0 & 0 \\ 0 & 0 & 1 & 0 \end{bmatrix}\underline{\boldsymbol{M}}^C \tag{2.11}$$

式中：$\underline{\boldsymbol{M}}^C$ 与$\underline{\boldsymbol{m}}$分别为点 $\boldsymbol{M}$ 和点 $\boldsymbol{m}$ 的齐次坐标形式。

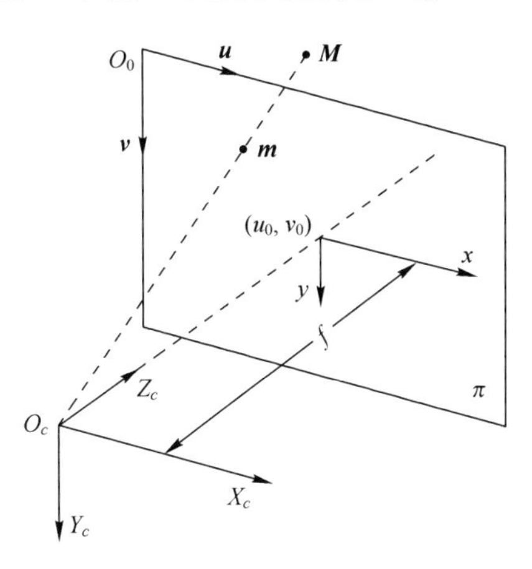


图 2.7　摄像机几何模型

另$\underline{\boldsymbol{M}}^W=(x_w,y_w,z_w,1)^{\mathrm{T}}$ 表示点 $\boldsymbol{M}$ 在世界系下的齐次表示，则$\underline{\boldsymbol{M}}^C$ 与$\underline{\boldsymbol{M}}^W$ 的坐标变换关系可表示如下：

$$\underline{\boldsymbol{M}}^C=\begin{bmatrix}\boldsymbol{R}_{CW} & \boldsymbol{t}_{CW}^C\\ \boldsymbol{0}_{1\times3} & 1\end{bmatrix}\underline{\boldsymbol{M}}^W \tag{2.12}$$

结合式(2.9)、式(2.11)及式(2.12)可推得理想相机投影模型如下：

$$\begin{bmatrix}u\\v\\1\end{bmatrix}\propto z_c\begin{bmatrix}x_c\\y_c\\1\end{bmatrix}=\begin{bmatrix}f_u & 0 & u_0 & 0\\0 & f_v & v_0 & 0\\0 & 0 & 1 & 0\end{bmatrix}\begin{bmatrix}\boldsymbol{R}_{CW} & \boldsymbol{t}_{CW}^C\\ \boldsymbol{0}_{1\times3} & 1\end{bmatrix}\underline{\boldsymbol{M}}^W \tag{2.13}$$

式中：符号$\propto$表示齐次相等，即在相差一个非零常数因子的意义下相等；$f_u=\dfrac{f}{\mathrm{d}x}$，$f_v=\dfrac{f}{\mathrm{d}y}$分别为像素单位表示的相机横、纵向焦距。焦距和主点坐标等参数成为相机内参数，用矩阵 $\boldsymbol{K}$ 表示：

$$\boldsymbol{K}=\begin{bmatrix}f_u & 0 & u_0\\0 & f_v & v_0\\0 & 0 & 1\end{bmatrix} \tag{2.14}$$

摄像机投影矩阵可以表示为如下形式：

$$\boldsymbol{P}=\begin{bmatrix} f_u & 0 & u_0 & 0 \\ 0 & f_v & v_0 & 0 \\ 0 & 0 & 1 & 0 \end{bmatrix}\begin{bmatrix} \boldsymbol{R}_{CW} & \boldsymbol{t}_{CW}^{C} \\ \boldsymbol{0}_{1\times 3} & 1 \end{bmatrix}=\boldsymbol{K}[\boldsymbol{R}_{CW} \mid \boldsymbol{t}_{CW}^{C}] \tag{2.15}$$

式中:$[\boldsymbol{R}_{CW} \mid \boldsymbol{t}_{CW}^{C}]$为相机外参数。

#### 2.3.1.2 镜头畸变模型

2.3.1.1 节中,利用理想针孔模型推导了基本的相机成像模型。但是,实际的针孔不能为快速曝光收集足够的光线。为了聚焦光线以便快速成像,通常使用透镜成像。由于透镜存在加工和装配等误差,从而产生不同程度的畸变。因此,摄像机模型不完全满足理想小孔成像模型。可以用下列公式描述非线性畸变:

$$x_u=x+\delta_x(x,y) \tag{2.16}$$

$$y_u=y+\delta_y(x,y) \tag{2.17}$$

式中:$(x,y)$为畸变点在相平面的原始位置;$x_u$ 与 $y_u$ 为畸变校正后的理想图像点坐标;$\delta_x$ 与 $\delta_y$ 为非线性畸变值,它与图像点在图像中的位置有关,可以用下列低阶多项式近似[106]:

$$\delta_x(x,y)=x(k_1r^2+k_2r^4+k_3r^6)+[2p_1xy+p_2(r^2+2x^2)] \tag{2.18}$$

$$\delta_y(x,y)=y(k_1r^2+k_2r^4+k_3r^6)+[p_1(r^2+2y^2)+2p_2xy] \tag{2.19}$$

其中,$\delta_x$ 与 $\delta_y$ 的第一项称为径向畸变,主要由镜头形状引起,$k_1$、$k_2$、$k_3$ 称为径向畸变参数,中括号项称为切向畸变,来源于整个相机的组装过程,$p_1$、$p_2$ 称为切向畸变参数。

### 2.3.2 摄像机标定

摄像机标定就是根据给定摄像机模型确定相机内、外参数的过程[107]。由于相机标定精度对摄像机最终测量精度有决定性的影响,因此国内外学者对此问题展开了广泛的研究。目前,主要的摄像机标定方法可分为传统标定法、主动视觉标定法和自标定方法[108]三类。

传统标定方法利用场景中已知位置的点、线、面等特征将相机标定问题转化为一个参数优化问题,优化目标是使得由理论模型计算的特征位置与实际检测到的特征位置间的距离(也称为重投影误差)最小。1986 年,Faugeras 等[109]提出了一种基于线性模型的经典摄像机参数标定方法。该方法在不考虑镜头非线性畸变的条件下,首先利用最小二乘方法估计摄像机投影矩阵,进而通过矩阵分解的方法估计出相机的内、外参数,因此不需要迭代计算,计算过程简单。但是,该方法由于没有考虑相机畸变参数,因此标定精度较低。对此,

Tsai[110]提出了一种基于两步法的改进方法,该方法首先利用上述线性模型标定方法求解参数初值,进而考虑畸变参数并利用迭代优化算法提高标定精度。该方法的缺点是只考虑了径向畸变参数,而没有考虑切向畸变参数。1999 年,张正友[111]提出了一种基于平面棋盘格的相机标定方法。利用平面标定板建立的图像单应性,可以快速计算出相机参数初值,进而利用非线性优化算法估计镜头畸变。该方法无须昂贵的高精度标定目标,而且标定精度高,鲁棒性好,在计算机视觉领域内得到了广泛的应用。受此方法启发,研究者们提出了很多具有实用价值的新方法,例如孟晓桥和胡占义提出的基于平面圆环点的相机标定算法[112],以及吴毅红等[113]提出的基于平行圆的相机标定方法。

基于主动视觉的标定依赖高精度的运动控制平台控制相机做特殊运动,进而利用此特殊运动信息进行相机参数的标定[108,114,115]。该方法的优点是算法比较简单,通常可以通过线性方法求解,鲁棒性较高,缺点是依赖高精度的运动控制设备,成本较高。

自标定技术是 20 世纪 90 年代初由 Faugeras 等[116]率先提出的一种在场景未知情况下的摄像机标定技术。该方法无须使用外部标定参考以及精确运动控制平台,因此灵活性强,潜在应用范围比较广。但是,由于自标定方法非线性较强,因此鲁棒性比较差。Hartley 和 Zisserman 的经典书籍对自标定方法做了很好的总结[117]。

本书使用 Jean-Yves Bouguet[118]编写的 Matlab 相机标定工具箱对立体相机进行离线标定。由于操作步骤比较简单,这里不再赘述。后文中假设相机内参数及畸变参数已知,因此可将摄像机模型视为理想小孔成像模型。

## 2.3.3　多视图几何模型

### 2.3.3.1　双视图几何

双视图几何又称为对极几何,其描述了两幅视图之间的几何约束。它独立于场景结构,只依赖于摄像机的内参数和相对姿态。如图 2.8 所示,由空间点 $X$ 以及两个视图的光心 $C_1$ 和 $C_2$ 构成的平面称为对极平面(Epipolar Plane)$\pi$,$C_1$ 与 $C_2$ 的连线称为基线,基线与两图像平面的交点 $e$ 和 $e'$ 称为对极点(Epipolar Point)。图像点 $x$ 反向投影成三维空间中的一条射线,它由第一个视图相机光心 $C_1$ 与 $x$ 确定。这条射线在第二个视图中被投影成一条射线 $l'$,此射线称为对极线(Epipolar Line)。由于空间点 $X$ 必然在上述空间射线上,因此点 $X$ 在第二幅视图的投影必然在对极线 $l'$ 上。

上述几何关系在代数上可以由基本矩阵(Fundamental Matrix)$\boldsymbol{F}$ 来表达[117]:

$$\underline{\boldsymbol{l}}' = \boldsymbol{F}\underline{\boldsymbol{x}} \tag{2.20}$$

式中：$\underline{\boldsymbol{x}}$和$\underline{\boldsymbol{l}}'$分别为图像平面内点和线的齐次坐标。假设两个视图的摄像机矩阵分别为$\boldsymbol{P}_1=[\boldsymbol{I}\mid\boldsymbol{0}]$,$\boldsymbol{P}_2=[\boldsymbol{R}\mid\boldsymbol{t}]$,则基础矩阵 $\boldsymbol{F}$ 可以由下式定义[117]：

$$\boldsymbol{F} = \boldsymbol{K}^{-\mathrm{T}}\boldsymbol{R}^{\mathrm{T}}(\boldsymbol{t}\times)\boldsymbol{K}^{-1} \tag{2.21}$$

式中：$\boldsymbol{K}$ 为相机的内参数矩阵。

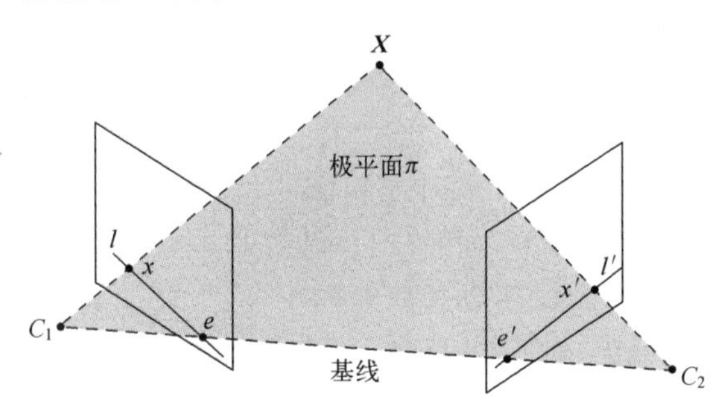


图 2.8 双视图几何示意图

#### 2.3.3.2 三视图几何

三个视图间也存在不依赖于场景结构的几何关系,一般用三焦张量[117]描述。三焦张量类似于基础矩阵在两视图几何中的作用。正式推导三焦张量的表达式,需要引入张量记号。这里为了方便,推导三焦张量的矩阵描述,从而避免使用过于复杂的数学工具。三焦张量可以用 3×3×3 维数组描述,它的值只取决于视图与视图间的相对位姿关系,而与场景结构无关。如图 2.9 所示,直线 $L$ 在由光心 $C_1$、$C_2$、$C_3$ 定义的三幅视图中的投影分别为直线$l_1$、$l_2$和$l_3$。假设三幅视图的摄像机矩阵分别为$\boldsymbol{P}_1=[\boldsymbol{I}\mid\boldsymbol{0}]$,$\boldsymbol{P}_2=[\boldsymbol{A}\mid\boldsymbol{a}_4]$,$\boldsymbol{P}_3=[\boldsymbol{B}\mid\boldsymbol{b}_4]$,其中 $\boldsymbol{A}$ 和 $\boldsymbol{B}$ 分别为 3×3 维矩阵,矢量$\boldsymbol{a}_i$ 和$\boldsymbol{b}_i$ 分别对应摄像机矩阵$\boldsymbol{P}_2$ 和 $\boldsymbol{P}_3$ 的第 $i$ 列,$i=1,2,3,4$。

如图 2.9 所示,每一条图像直线的反向投影为一张平面,其齐次坐标$\boldsymbol{\pi}_1$、$\boldsymbol{\pi}_2$、$\boldsymbol{\pi}_3$ 可分别表示如下：

$$\boldsymbol{\pi}_1 = \boldsymbol{P}_1^{\mathrm{T}}\begin{pmatrix}\boldsymbol{l}\\0\end{pmatrix},\boldsymbol{\pi}_2 = \boldsymbol{P}_2^{\mathrm{T}}\,\boldsymbol{l}_2 = \begin{pmatrix}\boldsymbol{A}^{\mathrm{T}}\boldsymbol{l}_2\\ \boldsymbol{a}_4^{\mathrm{T}}\boldsymbol{l}_2\end{pmatrix},\boldsymbol{\pi}_3 = \boldsymbol{P}_3^{\mathrm{T}}\,\boldsymbol{l}_3 = \begin{pmatrix}\boldsymbol{B}^{\mathrm{T}}\boldsymbol{l}_3\\ \boldsymbol{b}_4^{\mathrm{T}}\boldsymbol{l}_3\end{pmatrix} \tag{2.22}$$

由于$\boldsymbol{\pi}_1$、$\boldsymbol{\pi}_2$、$\boldsymbol{\pi}_3$ 交于直线 $L$,因此 4×3 维矩阵 $\boldsymbol{M}=[\boldsymbol{\pi}_1,\boldsymbol{\pi}_2,\boldsymbol{\pi}_3]$有二维零空间(秩 2)。这一结论可以简单推导如下：对于直线 $L$ 上任意线性无关两点$\boldsymbol{X}_1$、$\boldsymbol{X}_2$,由于两点都在直线 $L$ 上因此也在所有反向投影平面上,因此有

$$\boldsymbol{M}^{\mathrm{T}}\boldsymbol{X}_1 = [\boldsymbol{\pi}_1^{\mathrm{T}}\boldsymbol{X}_1,\boldsymbol{\pi}_2^{\mathrm{T}}\boldsymbol{X}_1,\boldsymbol{\pi}_3^{\mathrm{T}}\boldsymbol{X}_1] = \boldsymbol{0}_{3\times1} \tag{2.23}$$

$$\boldsymbol{M}^{\mathrm{T}}\boldsymbol{X}_2 = [\boldsymbol{\pi}_1^{\mathrm{T}}\boldsymbol{X}_2,\boldsymbol{\pi}_2^{\mathrm{T}}\boldsymbol{X}_2,\boldsymbol{\pi}_3^{\mathrm{T}}\boldsymbol{X}_2] = \boldsymbol{0}_{3\times1} \tag{2.24}$$

因此，矩阵 $\boldsymbol{M}$ 的列是线性相关的，存在非零常数 $\alpha$、$\beta$，使得

$$\begin{bmatrix} \boldsymbol{l}_1 \\ 0 \end{bmatrix} = \alpha \begin{bmatrix} \boldsymbol{A}^{\mathrm{T}}\boldsymbol{l}_2 \\ \boldsymbol{a}_4^{\mathrm{T}}\boldsymbol{l}_2 \end{bmatrix} + \beta \begin{bmatrix} \boldsymbol{B}^{\mathrm{T}}\boldsymbol{l}_3 \\ \boldsymbol{b}_4^{\mathrm{T}}\boldsymbol{l}_3 \end{bmatrix} \tag{2.25}$$

由式(2.25)可得

$$\alpha = k(\boldsymbol{b}_4^{\mathrm{T}}\boldsymbol{l}_3),\ \beta = -k(\boldsymbol{a}_4^{\mathrm{T}}\boldsymbol{l}_2) \tag{2.26}$$

其中 $k$ 为非零常数因子，将式(2.26)代入式(2.25)并整理可得

$$\boldsymbol{l}_1 = (\boldsymbol{b}_4^{\mathrm{T}}\boldsymbol{l}_3)\boldsymbol{A}^{\mathrm{T}}\boldsymbol{l}_2 - (\boldsymbol{a}_4^{\mathrm{T}}\boldsymbol{l}_2)\boldsymbol{B}^{\mathrm{T}}\boldsymbol{l}_3 \tag{2.27}$$

因此直线 $\boldsymbol{l}_1$ 的第 $i$ 个坐标可以写为如下形式

$$l_{1,i} = \boldsymbol{l}_3^{\mathrm{T}}(\boldsymbol{b}_4\boldsymbol{a}_i^{\mathrm{T}})\boldsymbol{l}_2 - \boldsymbol{l}_2^{\mathrm{T}}(\boldsymbol{a}_4\boldsymbol{b}_i^{\mathrm{T}})\boldsymbol{l}_3 = \boldsymbol{l}_2^{\mathrm{T}}(\boldsymbol{a}_i\boldsymbol{b}_4^{\mathrm{T}} - \boldsymbol{a}_4\boldsymbol{b}_i^{\mathrm{T}})\boldsymbol{l}_3 \tag{2.28}$$

记

$$\boldsymbol{T}_i = \boldsymbol{a}_i\boldsymbol{b}_4^{\mathrm{T}} - \boldsymbol{a}_4\boldsymbol{b}_i^{\mathrm{T}} \tag{2.29}$$

则三个矩阵的集合 $\{\boldsymbol{T}_1, \boldsymbol{T}_2, \boldsymbol{T}_3\}$ 构成三焦张量的矩阵表示。

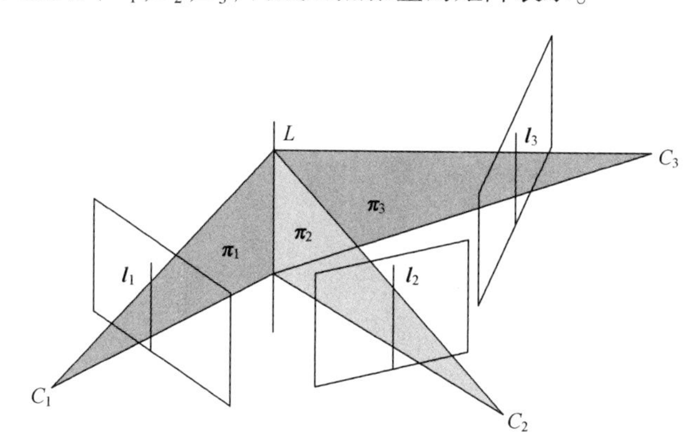


图 2.9　三视图直线关联关系示意图

由式(2.28)可知，若已知第二和第三视图内的匹配直线对 $\boldsymbol{l}_2 \leftrightarrow \boldsymbol{l}_3$，则可由三焦张量来预测直线在第一幅视图的位置。这就是所谓的线转移(Transfer)问题。同样，对于点也有类似的转移问题。如图 2.10 所示，第二视图上的一条直线反向投影定义了三维空间中的一张平面 $\boldsymbol{\pi}'$，同时这张平面诱导了第一视图和第三视图的一个单应(Homography)。若已知第一和第二视图的匹配点对 $\underline{\boldsymbol{m}}_1 \leftrightarrow \underline{\boldsymbol{m}}_2$，则可以利用三焦张量来预测该匹配点在第三幅视图中的位置。其过程可以概括为以下步骤[117]：

(1) 计算对极线：

$$\boldsymbol{l}_e = \boldsymbol{F}_{21}\underline{\boldsymbol{m}}_1 \tag{2.30}$$

其中 $\boldsymbol{F}_{21}$ 为第一和第二视图间的基础矩阵。

(2) 计算经过点$\underline{\boldsymbol{m}}_2$ 且垂直于直线$\boldsymbol{l}_e$ 的直线 $\boldsymbol{l}'$,若$\boldsymbol{l}_e=[l_{e1} \quad l_{e2} \quad l_{e3}]^{\mathrm{T}}$,$\underline{\boldsymbol{m}}_2=[m_{21} \quad m_{22} \quad 1]^{\mathrm{T}}$,则有

$$\hat{\boldsymbol{l}}_2=[l_{e2} \quad -l_{e1} \quad -m_{21}l_{e2}+m_{22}l_{e1}]^{\mathrm{T}} \tag{2.31}$$

(3) 转移点$\hat{\underline{\boldsymbol{m}}}_3$ 可计算如下:

$$\hat{\underline{\boldsymbol{m}}}_3=(\sum_i m_{1i}\boldsymbol{T}_i^{\mathrm{T}})\hat{\boldsymbol{l}}_2 \tag{2.32}$$

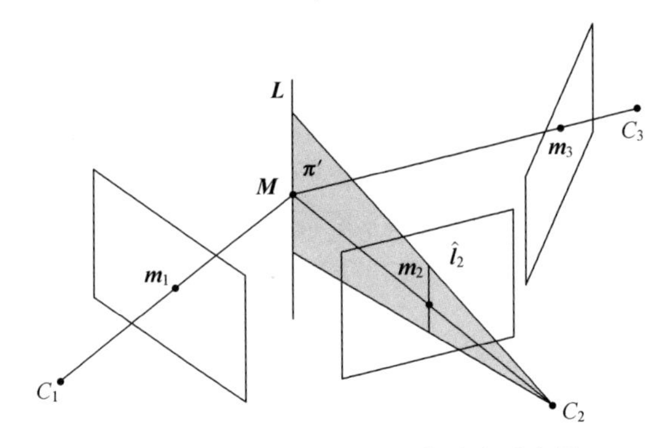


图 2.10 三视图点—线—点对应示意图

# 第3章 基于多视图批优化技术的惯性/立体视觉标定方法

## 3.1 引 言

信息配准是多传感器组合导航系统的一个常见问题[119]。同样,在惯性/视觉组合导航系统中为了使IMU与相机的测量信息能够融合到统一的坐标系下,精确的时间和空间信息配准必不可少。不准确的标定信息对组合导航精度有着严重影响,甚至导致组合导航滤波器发散[120,121]。通常时间配准可以通过外部同步触发等方式得到很好的解决[16,17],而空间配准问题要复杂得多,也因此得到学术界很多关注。

在机器人领域,通常利用在静止标定板前采集的相机和IMU数据离线估计两传感器相对位姿[35,71,77,122]。其中,标定板一般作为提取相机位姿的辅助手段。标定过程中既要保证标定板在相机视野内,又要在保证整体轨迹较为平滑的条件下对整个系统有一个较大的运动激励以增强系统状态及参数可观测度。在实际操作中对于本书使用的立体视觉系统很难同时满足上述条件。由于立体视觉系统可以恢复场景深度信息,因此可以不依赖外部参考而估计自身六自由度运动。本章充分利用立体视觉系统的这一优势,探索不需要标定板的惯性/立体视觉标定方法,为后续传感器信息融合打下良好基础。

本章后续内容安排如下:3.2节介绍了算法的基本思想;3.3节给出了系统状态参数的连续时间表示方法;3.4节建立了参数优化的目标函数模型;3.5节给出了具体实现过程;3.6节给出了实验描述及相关的实验结果;3.7节对本章内容进行小结。

## 3.2 基本思想

算法的主要框架基于Fleps等[77]和Furgale等[122]提出的基于批优化(Batch Optimization)技术的标定方法。不同于基于卡尔曼滤波的方法,该方法不是通过测量序列来传播状态和协方差信息,而是基于对传感器运动轨迹的建模和优化[77]。该方法利用整段数据的信息,而不是像基于卡尔曼滤波的算法一样序贯地应用数据,故称为批优化方法。

如图 3.1 所示,标定过程中惯导和相机测量可以看作是同一运动在不同坐标系下的观测。如图中 $S_1$ 和 $S_2$ 分别表示同一运动在两个坐标系下的观测结果。若给定精确的测量和标定数据,可以将不同坐标系下观测到的运动信息精确对齐。相反,可以通过测量不同传感器测量运动信息的对齐程度来评估标定结果的好坏。受此启发,可以通过最小化传感器运动测量的对齐误差来优化标定参数。这个思想类似于机器视觉领域常用的迭代最近点算法(Iterative Closest Point)的思想。

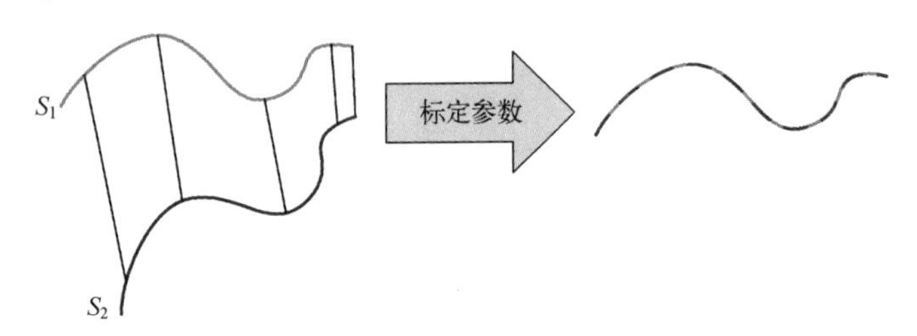


图 3.1 基本思想示意图

## 3.3 系统状态的连续时间表示

根据 3.2 节给出的基本思想,需要最小化 MIMU 与相机测量运动信息的对齐程度来完成标定。但是,一方面两个传感器不能直接测量运动信息(MIMU 测量加速度和角速度信息,摄像机测量可以等价为线速度和角速度信息);另一方面传感器的测量频率也不同,因此两个传感器的运动信息无法直接比较。本节采用 Furgale 等[122]使用的时间基函数法来建立系统状态的连续时间表示,从而可以比较任意时刻的传感器测量。

实变系统状态可表示为有限数目解析基函数的加权和。例如,$D$ 维状态 $\boldsymbol{x}(t)$ 可以表示为

$$\boldsymbol{\Phi}(t)=[\phi_1(t) \quad \phi_2(t) \quad \cdots \quad \phi_B(t)], \quad \boldsymbol{x}(t):=\boldsymbol{\Phi}(t)\boldsymbol{c} \tag{3.1}$$

式中:$\phi_B(t)$ 为已知的 $D\times1$ 维解析基函数;$\boldsymbol{\Phi}(t)$ 为 $D\times B$ 维基函数矩阵。要估计 $\boldsymbol{x}(t)$,只需估计 $B\times1$ 列系数矩阵 $\boldsymbol{c}$。由于为 $\boldsymbol{\Phi}(t)$ 已知的二阶可微函数,因此 $\dot{\boldsymbol{\Phi}}(t)$ 以及 $\ddot{\boldsymbol{\Phi}}(t)$ 很容易求得,从而可以很容易求得状态 $\boldsymbol{x}(t)$ 的一阶微分和二阶微分。

系统的位姿状态可以被参数化为 6×1 维状态曲线，其中 3 个用来描述角运动，3 个用来描述线运动。MIMU 在任意时刻的空间位姿可表示成如下形式：

$$\boldsymbol{T}_{WI}(t)=\begin{bmatrix}\boldsymbol{R}_{WI}(\boldsymbol{\varphi}(t)) & \boldsymbol{t}_{WI}^{W}(t)\\ \boldsymbol{0} & 1\end{bmatrix} \tag{3.2}$$

式中：$\boldsymbol{\varphi}(t):=\boldsymbol{\Phi}_{\varphi}(t)\boldsymbol{c}_{\varphi}$ 为姿态的参数化表示[123]；$\boldsymbol{R}_{WI}$ 为相应的方向余弦矩阵；$\boldsymbol{t}_{WI}^{W}(t)=\boldsymbol{\Phi}_{t}\boldsymbol{c}_{t}$ 为平动的连续时间模型。由此，MIMU 在世界系下的速度和加速度可表示为

$$\boldsymbol{v}_{WI}^{W}(t)=\dot{\boldsymbol{t}}_{WI}^{W}(t)=\dot{\boldsymbol{\Phi}}_{t}\boldsymbol{c}_{t} \tag{3.3}$$

$$\boldsymbol{a}_{WI}^{W}(t)=\ddot{\boldsymbol{t}}_{WI}^{W}(t)=\ddot{\boldsymbol{\Phi}}_{t}\boldsymbol{c}_{t} \tag{3.4}$$

此外，给定姿态参数化形式，角速度可以由下式给出[123]：

$$\boldsymbol{\omega}_{WI}^{I}=\boldsymbol{S}(\boldsymbol{\varphi}(t))\dot{\boldsymbol{\varphi}}(t)=\boldsymbol{S}(\boldsymbol{\Phi}_{\varphi}(t)\boldsymbol{c}_{\varphi})\dot{\boldsymbol{\Phi}}_{\varphi}(t)\boldsymbol{c}_{\varphi} \tag{3.5}$$

式中：$\boldsymbol{S}(\cdot)$ 为关联角速度和姿态参数速率的标准化矩阵，本书实现中采用旋转矢量参数化[123]；$\boldsymbol{\varphi}(t)$ 为绕转轴 $\dfrac{\boldsymbol{\varphi}(t)}{\|\boldsymbol{\varphi}(t)\|}$ 转动 $\|\boldsymbol{\varphi}(t)\|$ 角，其中 $\|\cdot\|$ 表示矢量的模值。矩阵 $\boldsymbol{S}$ 可表示为[124]

$$\boldsymbol{S}(\boldsymbol{\varphi})=\boldsymbol{I}_{3}-\frac{1-\cos\|\boldsymbol{\varphi}\|}{\|\boldsymbol{\varphi}\|^{2}}(\boldsymbol{\varphi}\times)+\frac{\|\boldsymbol{\varphi}\|-\sin\|\boldsymbol{\varphi}\|}{\|\boldsymbol{\varphi}\|^{3}}(\boldsymbol{\varphi}\times)^{2},\ \forall\ \|\boldsymbol{\varphi}\|\in\mathbb{R}\setminus\{0\} \tag{3.6}$$

基函数 $\boldsymbol{\Phi}(t)$ 的具体实现形式将在 3.5 节介绍。

## 3.4　优化目标函数的建立

3.3 节利用连续时间基函数建立了系统状态的连续时间表示，下一步可以通过此连续时间表示来评价传感器测量的对齐程度。

MIMU 的测量由式(2.1)及式(2.3)给出。由于标定过程时间比较短，加速度计和陀螺仪的零偏变化不大，因此标定过程中假设 $\boldsymbol{b}_{a}$ 和 $\boldsymbol{b}_{g}$ 为常值。

对于相机测量值，由于不使用类似标定板的参考基准，因此只能测量相对位姿变化。在已知采样间隔的情况下，相机测量可以解释为相机的线速度和角速度在相机系下的投影，可以表示成如下形式：

$$\widetilde{\boldsymbol{v}}_{WC,k}^{C}=\boldsymbol{R}_{IC}^{\mathrm{T}}[\boldsymbol{R}_{WI}(\boldsymbol{\varphi}(t))^{\mathrm{T}}\boldsymbol{v}_{WI}^{W}(t)+\boldsymbol{\omega}_{WI}^{I}\times\boldsymbol{t}_{IC}^{I}]+\boldsymbol{n}_{v,k} \tag{3.7}$$

$$\widetilde{\boldsymbol{\omega}}_{WC,k}^{C}=\boldsymbol{R}_{IC}^{\mathrm{T}}\boldsymbol{\omega}_{WI}^{I}+\boldsymbol{n}_{\omega_{c},k} \tag{3.8}$$

式中：$\boldsymbol{n}_{v,k}$ 及 $\boldsymbol{n}_{\omega_{c},k}$ 假设为零均值高斯白噪声。

最后，根据实际传感器测量与根据当前状态预测的测量值之间的差值来建

立误差项及相关目标函数项,其表达式如下。

加速度计误差项:

$$e_{f_k}=\widetilde{\boldsymbol{f}}_k^I-\boldsymbol{R}_{WI}(\boldsymbol{\varphi}(t_k))^{\mathrm{T}}(\boldsymbol{a}_{WI}^W(t_k)-\boldsymbol{g}^W)-\boldsymbol{b}_a \tag{3.9}$$

加速度计目标函数项:

$$G_f=\frac{1}{2}\sum_{k=1}^{K}\boldsymbol{e}_{f_k}^{\mathrm{T}}\boldsymbol{R}_{f_k}^{-1}\boldsymbol{e}_{f_k} \tag{3.10}$$

式中:$\boldsymbol{R}_{f_k}$为加速度计测量方差。

陀螺仪误差项:

$$\boldsymbol{e}_{\omega_k}=\widetilde{\boldsymbol{\omega}}_{WI,k}^I-\boldsymbol{\omega}_{WI}^I(t_k)-\boldsymbol{b}_g \tag{3.11}$$

陀螺仪目标函数项:

$$G_{\omega}=\frac{1}{2}\sum_{k=1}^{K}\boldsymbol{e}_{\omega_k}^{\mathrm{T}}\boldsymbol{R}_{\omega_k}^{-1}\boldsymbol{e}_{\omega_k} \tag{3.12}$$

式中:$\boldsymbol{R}_{\omega_k}$为陀螺仪测量方差。

相机速度误差项:

$$\boldsymbol{e}_{v_k}=\widetilde{\boldsymbol{v}}_{WC,k}^C-\boldsymbol{R}_{IC}^{\mathrm{T}}[\boldsymbol{R}_{WI}(\boldsymbol{\varphi}(t))^{\mathrm{T}}\boldsymbol{v}_{WI}^W(t)+\boldsymbol{\omega}_{WI}^I\times\boldsymbol{t}_{IC}^I] \tag{3.13}$$

相机速度目标函数项:

$$G_v=\frac{1}{2}\sum_{k=1}^{K}\boldsymbol{e}_{v_k}^{\mathrm{T}}\boldsymbol{R}_{v_k}^{-1}\boldsymbol{e}_{v_k} \tag{3.14}$$

式中:$\boldsymbol{R}_{v_k}$为相机速度测量方差。

相机角速度误差项:

$$\boldsymbol{e}_{\omega_{c,k}}=\widetilde{\boldsymbol{\omega}}_{WC,k}^C-\boldsymbol{R}_{IC}^{\mathrm{T}}\boldsymbol{\omega}_{WI}^I \tag{3.15}$$

相机角速度目标函数项:

$$G_{\omega_c}=\frac{1}{2}\sum_{k=1}^{K}\boldsymbol{e}_{\omega_{c,k}}^{\mathrm{T}}\boldsymbol{R}_{\omega_{c,k}}^{-1}\boldsymbol{e}_{\omega_{c,k}} \tag{3.16}$$

式中:$\boldsymbol{R}_{\omega_{c,k}}$为相机角速度测量方差。

最终优化目标函数由以上四项的和构成:

$$G=G_f+G_{\omega}+G_v+G_{\omega_c} \tag{3.17}$$

需要优化的参数矢量$\boldsymbol{\Theta}$包含 MIMU 与相机之间的位姿关系、MIMU 零偏、初始 MIMU 系下的重力方向以及控制点矢量,有

$$\boldsymbol{\Theta}=(\boldsymbol{\varphi}_{IC}^{\mathrm{T}},\boldsymbol{t}_{IC}^{I_0},\boldsymbol{b}_a^{\mathrm{T}},\boldsymbol{b}_g^{\mathrm{T}},\boldsymbol{g}^{I_0\mathrm{T}},(\boldsymbol{c}_1^{\mathrm{T}},\boldsymbol{c}_2^{\mathrm{T}},\cdots,\boldsymbol{c}_M^{\mathrm{T}}))^{\mathrm{T}} \tag{3.18}$$

式中:$\boldsymbol{\varphi}_{IC}$为 MIMU 与相机姿态关系的旋转矢量参数化;$(\boldsymbol{c}_1^{\mathrm{T}},\boldsymbol{c}_2^{\mathrm{T}},\cdots,\boldsymbol{c}_M^{\mathrm{T}})$为 $1\times6M$ 维的串联化基函数曲线控制点。

# 3.5 多视图批优化惯性/立体视觉标定算法实现

## 3.5.1 基函数的选取

以上的推导过程可以利用任何一种基函数实现形式完成。但是在具体的标定问题中,除要求基函数易求得解析导数外,还需要保证基函数具有局部支撑性(Local Support Property)。即令每个基函数只对某个局部时间区间有影响,由此可保证修改单个系数时只影响局部轨迹。基于以上标准,B 样条函数成为一个比较理想的选择。

B 样条函数具有表示与设计自由曲线的强大功能,而且具有简单的解析形式,容易求得各阶导数,是形状数学描述的主流方法。因此,本书选取均匀有理 B 样条作为基函数矩阵 $\boldsymbol{\Phi}(t)$ 的实现形式。B 样条曲线的相关基础知识可参考附录。根据经验,选取六阶 B 样条基函数(分段五次多项式)对系统状态连续时间曲线进行建模,等价于将加速度建模成三次多项式,这对于精确捕获标定过程中的动态运动信息是必要的[122]。实际上,不只 B 样条曲线的阶次会反映系统动态,节点(Knot)数目也会影响系统的动态,动态越高需要的节点数目也越多。由于使用 B 样条曲线的阶次以及节点的数量,每次迭代优化过程中方程的维度将会非常庞大。幸运的是,实际计算过程中矩阵都是稀疏矩阵。六阶 B 样条基函数只在 6 个区间内非零,结果会使得优化过程中的信息矩阵为块对角形式,可以通过开源的稀疏矩阵函数库进行快速计算。

## 3.5.2 立体视觉自运动估计

为了完成标定过程,需要估计相机的线速度和角速度。对于单目相机,在没有标定参考的情况下无法给出尺度信息,因此一般的惯性/单目视觉标定方法都依赖标定板[71,78]。虽然文献[122]中考虑了多相机的情形,但是多个相机间的位姿关系未知,因此仍然需要标定板来完成整个标定过程。本书中使用的立体相机中两个相机的相对安装关系已知,而且安装关系稳定,因此在标定这种环境可控的问题中,完全可以依赖立体视觉重建的方法同时估计相机自运动和场景结构。常用的重建方法是捆绑优化法[79],但是这种方法通常实现复杂而且运算量大。本书使用目前国际上公认的高精度开源 SLAM 程序——ORB-SLAM[50]来实现相机自运动的估计,该论文曾获得国际顶级机器人杂志 *IEEE Transactions on Robotics* 2015 年度最佳论文奖。该算法融合了特征提取、特征跟踪、地图构建、闭环检测、位姿优化等多种功能,在特征比较丰富且范围不大的环境中,能够很好地完成地图构建及自定位任务。由于在完成以上功能过程中都是基于 ORB(Oriented FAST and BRIEF)特征[125],因此被称为 ORB-SLAM。ORB-SLAM 最初的版本基于单目相机,因此无法估计环境的尺度信息。后续该作者将算法扩展到使用立体相机,其基本流程如图 3.2 所示。其中没有显示具体的地图构建、闭环检测等流程,详细的算法可参考文献[50,126]。

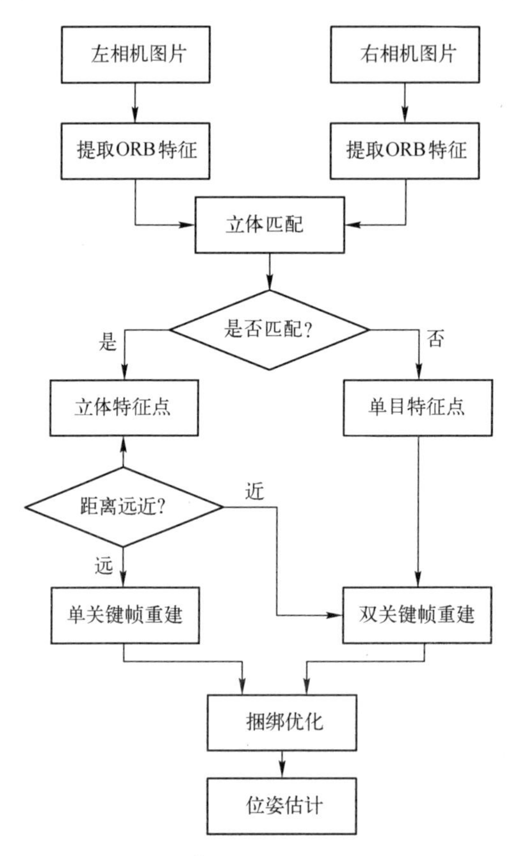


图 3.2 立体 ORB-SLAM 基本流程

### 3.5.3 优化参数初始化及优化方法

初始优化参数中$\boldsymbol{\varphi}_{IC,0}^{\mathrm{T}}$和$\boldsymbol{t}_{IC,0}^{I}$可由立体相机和 MIMU 的安装关系粗略估计;加速度计和陀螺零偏均初始化为零;重力在初始 MIMU 系的方向可由静止段的加速度计测量估计。比较复杂的是控制点参数的初始化。要对控制点参数初始化,首先要确定控制点的数目。控制点数量越多曲线变化越多,越不平滑且计算复杂度更大,同时更容易过拟合。本书参照文献[77]的控制点选取策略,控制点数目取为相机测量总数的60%。

利用粗略的MIMU/相机位姿关系以及3.4节估计的相机自运动,可以估计出MIMU在每个相机采样时刻的粗略位姿。进而可以通过最小二乘法估计出初始的控制点参数。详细的初始化步骤可参考文献[77]。

## 3.6　实验验证与分析

### 3.6.1　实验数据说明

本实验数据来自公开的数据集EuRoC Datasets[127]。该数据集利用德国Ascending Technologies公司生产的Firefly系列六旋翼微型飞行器(MAV)采集,包含立体图像、同步的MIMU测量,以及精确的位置参考基准。其中,惯性、立体图像数据由如图3.3所示的视觉—惯性传感器(VI-Sensor)单元提供。两视觉传感器的基线约为0.11m,以20Hz的速率同步采集立体图像;MIMU以200Hz的速率采集比力和角速度信息,两传感器间通过FPGA硬件同步[128]。相关坐标系定义如图3.3所示。图中只给出了坐标系的$x$和$y$方向,$z$方向符合右手定则。

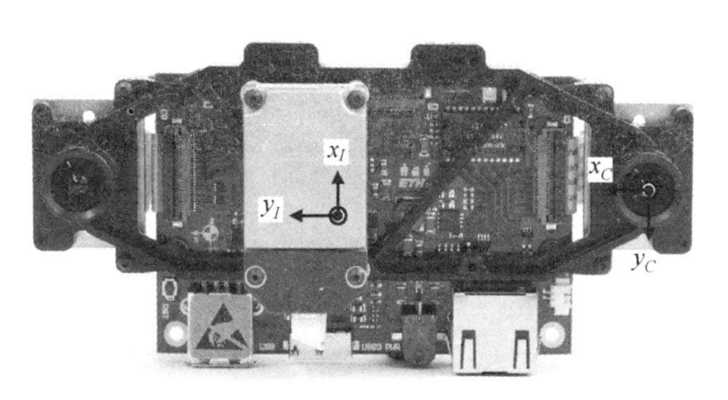


图3.3　视觉—惯性采集单元[128]

数据集主要包含两组数据:一组在工业环境中收集,用于评估惯性/视觉定位算法,其中包含来自Leica Nova MS503激光跟踪系统的毫米级位置参考基准;第二组数据收集在配有Vicon运动捕获系统的房间中,包含高精度的六自由度位姿基准及精确的环境结构,用于评估三维重建算法。表3.1给出了所使用传感器及相关参考基准仪器的性能指标。此外,数据中还包含惯性/视觉传感器标定过程中所使用的原始数据。

表 3.1 EuRoC 数据集传感器性能指标

| 传 感 器 | 型 号 | 采样频率/Hz | 特 性 |
|---|---|---|---|
| 相机×2 | MT9V034 | 20 | 分辨率:752×480 |
| MIMU | ADIS16488 | 200 | 陀螺漂移:6.25°/h<br>加表零偏:0.016m/s$^2$ |
| 位置 | Leica MS50 | 20 | 位置精度≈1mm |
| 位姿 | Vicon | 100 | 6D 位姿(精度未标明) |

## 3.6.2 实验结果与分析

### 3.6.2.1 利用原始惯性/视觉标定数据验证

原始的惯性/视觉传感器标定数据是手持视觉—惯性测量单元在如图 3.4 所示的静止标定板前采集的。标定板为大小为 80cm×80cm 的平面板,中间均匀分布着被称为 AprilTag[129] 的小二维码图片,以方便视觉检测和跟踪。标定数据集中包含 1439 对立体图像及 14381 帧 MIMU 测量数据。图 3.5 给出了标定过程中 MIMU 的测量数据。整个数据采集过程中确保标定板的部分或全部在相机的视野内,因此相机位姿信息可以根据标定板提供的信息来估计,其在初始相机系下的运动轨迹如图 3.6 所示(圆圈为运动的起点)。整个标定过程的平均速度为 0.41m/s,平均角速度为 0.91rad/s。数据集中给出的标定结果是利用标定板解算的相机位姿信息结合批优化标定算法给出的,可以作为评估本章算法的基准。

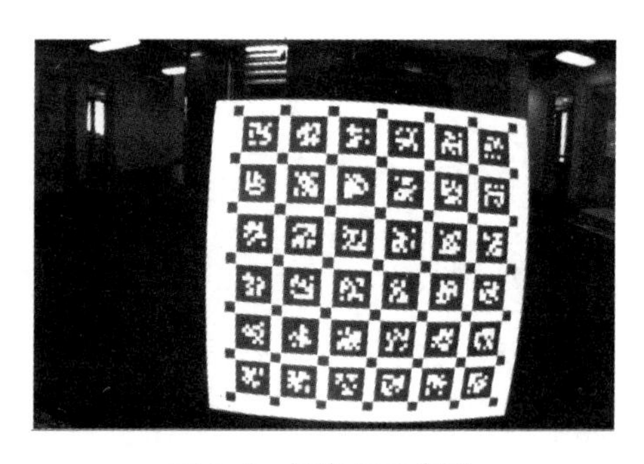

图 3.4 标定板示意图

与原始标定结果不同的是,本章利用 ORB-SLAM2 提取的位姿信息来执行标定计算,算法的实现基于苏黎世联邦理工学院自主系统实验室(ETHZ ASL)开发的开源标定工具箱 Kalibr[122] 以及由 Mur-Artal Raul 开发的 ORB-SLAM2。图 3.7 给出了利用 ORB-SLAM2 重建出来的部分实验环境。可见 ORB-SLAM2

能够精确地重建出实验所用标定板,也间接表明了算法的能够精确估计相机位姿。以标定板估计轨迹为参考基准,计算 ORB-SLAM2 估计位置的均方根误差约为0.014m。进一步利用重建的位姿结合 Kalibr 标定工具箱可得到惯性/视觉传感器间的标定参数,表 3.2 给出了本书标定结果与给定标定参数的对比情况(标定结果的意义为相机系 $C$ 在惯导系 $I$ 下的欧拉角及平移矢量)。可见,标定结果中姿态角偏差均小于 0.02°,平移矢量偏差均小于 0.005m。在此实验条件下,不依赖标定板仍然能给出精确的标定结果。

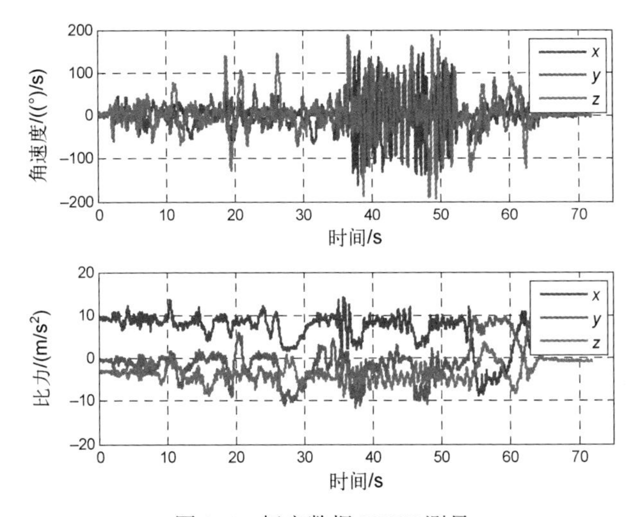


图 3.5　标定数据 MIMU 测量

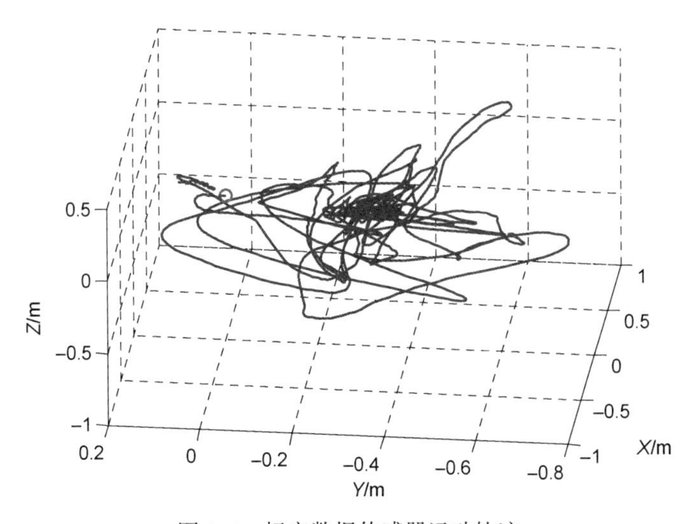


图 3.6　标定数据传感器运动轨迹

图 3.7 ORB-SLAM2 重建点云

表 3.2 估计参数与基准参数对比结果

| | | 基准参数 | 本书算法结果 | 差值 |
|---|---|---|---|---|
| 欧拉角/(°) | 滚动 | 0.2153 | 0.2064 | -0.0089 |
| | 俯仰 | 1.4769 | 1.4683 | -0.0113 |
| | 偏航 | 89.1480 | 89.1607 | 0.0127 |
| 平移矢量/m | $t_x$ | -0.02164 | -0.02480 | -0.0032 |
| | $t_y$ | -0.06468 | -0.06706 | -0.0024 |
| | $t_z$ | 0.00981 | 0.00854 | -0.0013 |

#### 3.6.2.2 无人机载室内实验数据验证

本小节利用无人机载室内实验数据验证所提出的标定算法在无标定参考情况下的有效性。根据精确标定对实验条件的要求,尽量选取数据集中环境纹理比较丰富、光照比较好且动态相对较高的数据。本节选取 V1_02_medium 和 MH_03_medium 两组数据对算法进行验证。其中,V1_02_medium 组数据采集自室内环境,载体飞行的平均速度和角速度分别为 0.91m/s 和 0.56rad/s,整个飞行时间约 83.5s;MH_03_medium 组数据采集自工厂环境中,载体的平均速度和角速度分别为 0.99m/s 和 0.29rad/s,飞行时间约为 132s。图 3.8 和图 3.9 分别给出了两组实验中的 MIMU 测量数据。图 3.10 和图 3.11 分别给出了两组数据的飞行轨迹。两组实验中 ORB-SLAM2 轨迹估计的均方根误差分别为 0.02m 和 0.028m。

最后,综合 ORB-SLAM2 估计的相机位姿以及微惯导测量信息,结合本章提出的标定算法,计算标定参数如表 3.3 和表 3.4 所列。由于 MH_03_medium 组数据起飞和降落过程中无人机上下起伏导致轨迹突变比较明显,不利于标定计算,因此在标定计算过程中未使用该数据中前 18s 和最后 4s 的数据。

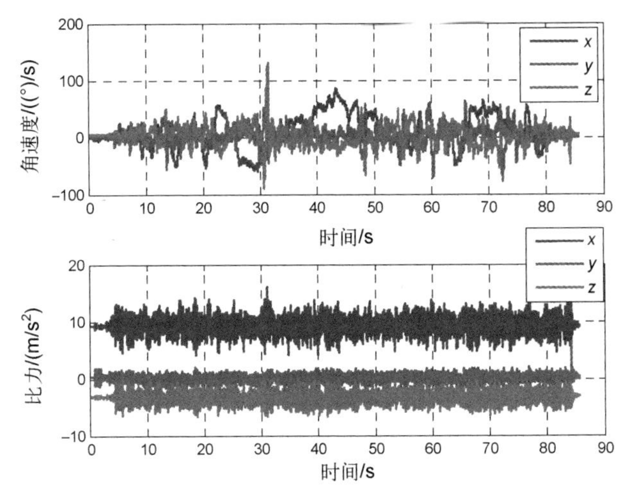


图 3.8　V1_02_medium 数据 MIMU 测量

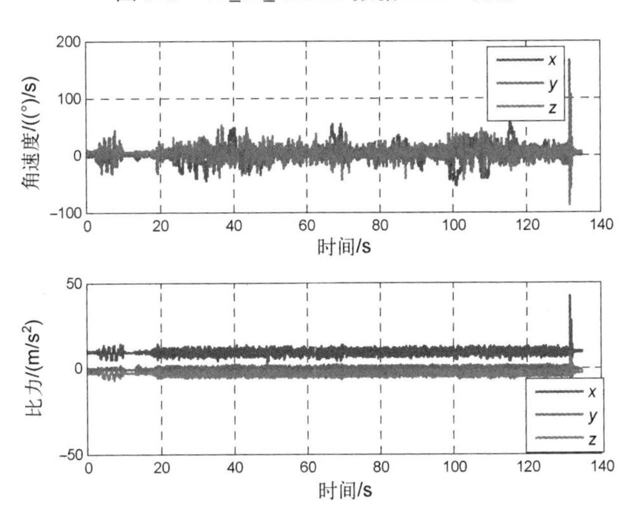


图 3.9　MH_03_medium 数据 MIMU 测量

表 3.3　V1_02_medium 数据标定结果

| 标定参数 | | 标定结果 | 与标准差值 |
|---|---|---|---|
| 欧拉角/(°) | 滚动 | 0.1987 | -0.0166 |
| | 俯仰 | 1.4876 | 0.0107 |
| | 偏航 | 89.1346 | 0.0134 |
| 平移矢量/m | $t_x$ | -0.02391 | -0.0023 |
| | $t_y$ | -0.06834 | -0.0037 |
| | $t_z$ | 0.01263 | -0.0028 |

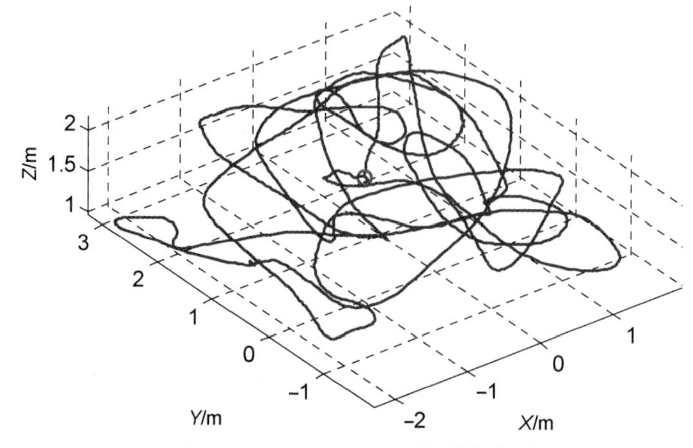


图 3.10　V1_02_medium 数据轨迹图

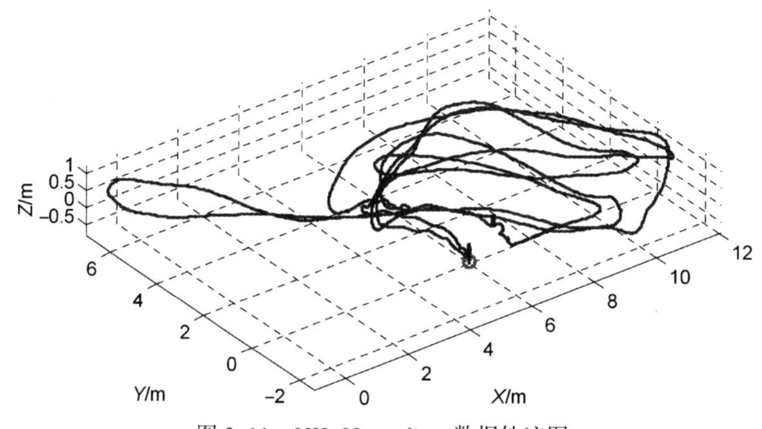


图 3.11　MH_03_medium 数据轨迹图

表 3.4　MH_03_medium 数据标定结果

| 标定参数 | | 标定结果 | 与标准差值 |
|---|---|---|---|
| 欧拉角/(°) | 滚动 | 0.2248 | 0.0095 |
| | 俯仰 | 1.4830 | −0.0061 |
| | 偏航 | 89.1775 | 0.0295 |
| 平移矢量/m | $t_x$ | −0.02480 | −0.0032 |
| | $t_y$ | −0.06706 | −0.0024 |
| | $t_z$ | 0.02139 | 0.0116 |

从表中可见，利用无人机载数据仍能准确地估计出视觉和惯性传感器间的姿态参数，姿态角误差均小于 0.03°。但是，在 MH_03_medium 数据得出的标定

结果中,平移矢量中的 $t_z$ 分量有较大的偏差。可能的原因:一是由于机载实验中机体振动导致数据的信噪比降低,影响估计精度;二是 MH_03_medium 实验中载体的角运动较其他两组数据小,导致杆臂带来的误差不能充分地激励出来,因此无法准确地估计。

## 3.7 本章小结

本章提出了一种基于批优化的惯性/立体视觉组合导航系统标定方法,给出了算法的基本思想及实现流程。该算法摆脱了标定板的限制,能够实现惯性/立体视觉组合导航系统的快速标定。实验结果表明,所提出的方法能够在不依赖标定板情况下准确估计出惯性和视觉传感器间的姿态参数,各姿态角误差均小于 0.03°。三组实验中平移参数的估计精度均小于 0.015m。

# 第4章　基于多视图几何点、线特征辅助的惯性/立体视觉组合导航方法

## 4.1 引　言

虽然惯性/视觉组合导航得到了广泛的研究，但是目前大部分视惯组合系统依赖点特征作为导航辅助[35,130-132]。相反，利用线特征作为导航辅助的工作相对较少。近年来，由于线检测、追踪、匹配等算法的成熟，线特征在辅助导航中的使用也逐渐增加[40,133,134]。事实上，线元和点元提供了图像的互补信息[135]。例如，许多场景（如墙角、楼梯边缘等）中，点元的追踪和匹配比较困难。但是，由于线元具有多像素支持的特性，因此能够很好地匹配和跟踪[136]。

冯国虎等[40]分析了单独使用线特征辅助下视觉/惯性/磁传感器组合导航系统的可观性条件：至少观测地面上两条非平行线特征，并且至少存在一个自由度的旋转。同时，该作者利用矩阵卡尔曼滤波（MKF）实现状态估计，取得了较好的估计结果。不足之处在于所使用的图像特征都在地面上选取，没有充分利用图像的信息。Kottas 和 Roumeliotis[133]研究了线特征辅助惯性/视觉组合导航系统的可观性问题，证明：一条（两条以上）线特征观测情况下，系统的不可观自由度为5(4)个。同时，作者利用上述可观性结论，设计了基于可观性约束的多状态约束卡尔曼滤波器（MSCKF），提高了估计的一致性（Consistency）。在上述工作基础上，Kottas 和 Roumeliotis[134]又分析了某一垂直于重力矢量的直线方向已知条件下，惯性/视觉组合导航系统的可观属性，并且设计实现了基于可观性约束的 MSCKF 算法。MSCKF[9]算法的不足之处是系统状态维度会随时间变化，另外，其特征管理实现比较复杂，需要的时间和空间复杂度较高。

基于以上考虑，本章提出基于多视图几何框架的点、线特征辅助惯性/视觉组合导航方法。该方法不仅能够在统一的框架下很好地处理点、线特征，并且系统状态的维度保持不变，有效地平衡了精度和计算复杂度。

本章各节的安排如下：4.2 节介绍组合导航系统的系统模型；4.3 节推导系统的测量模型；4.4 节详细介绍了滤波器设计过程；4.5 节给出相应的室外和室

内实验结果;4.6节对本章进行小结。

## 4.2 系统模型

系统状态包含MIMU的位置、姿态、速度和陀螺、加速度计零偏等项,其定义如下:

$$\boldsymbol{x}_{\mathrm{IMU}}(t)=\left[(\boldsymbol{p}_{WI}^{W})^{\mathrm{T}}\quad(\bar{q}_{WI})^{\mathrm{T}}\quad(\boldsymbol{v}_{WI}^{W})^{\mathrm{T}}\quad(\boldsymbol{b}_{g}(t))^{\mathrm{T}}\quad(\boldsymbol{b}_{a}(t))^{\mathrm{T}}\right]^{\mathrm{T}} \tag{4.1}$$

式中:$\boldsymbol{p}_{WI}^{W}(t)$为MIMU在世界系下的位置;$\bar{q}_{WI}(t)$为MIMU坐标系$\{I\}$在世界系中的姿态;$\boldsymbol{v}_{WI}^{W}$为MIMU在世界系下的速度;$\boldsymbol{b}_{g}(t)$和$\boldsymbol{b}_{a}(t)$分别为陀螺和加表的零偏。不同于标定过程的是在导航过程中陀螺和加表零偏不再假设为常量,而建模为由高斯白噪声驱动的随机游走过程。系统的动态微分方程如下所示[35]:

$$\dot{\boldsymbol{p}}_{WI}^{W}=\boldsymbol{v}_{WI}^{W},\ \dot{\bar{q}}_{WI}=\frac{1}{2}\Omega(\boldsymbol{\omega}_{WI}^{I})\bar{q}_{WI},\ \dot{\boldsymbol{v}}_{WI}^{W}=\boldsymbol{a}_{WI}^{W},\ \dot{\boldsymbol{b}}_{g}=\boldsymbol{n}_{gw},\ \dot{\boldsymbol{b}}_{a}=\boldsymbol{n}_{aw} \tag{4.2}$$

其中$\Omega(\boldsymbol{\omega}_{WI}^{I})$为四元数乘积矩阵,定义为

$$\Omega(\boldsymbol{\omega}_{WI}^{I})=\begin{bmatrix}0 & -(\boldsymbol{\omega}_{WI}^{I})^{\mathrm{T}}\\ \boldsymbol{\omega}_{WI}^{I} & -[\boldsymbol{\omega}_{WI}^{I}\times]\end{bmatrix} \tag{4.3}$$

## 4.3 测量模型

本节利用2.3.3节推导的三视图几何约束建立点、线特征的观测方程。连续两个立体视觉帧的示意图如图4.1所示。为了清晰起见,图中只画出了线特征的几何关系。前一帧立体图像的摄像机矩阵可以表示为

$$\boldsymbol{P}_{1}=[\boldsymbol{I}\mid\boldsymbol{0}],\quad \boldsymbol{P}_{2}=[\boldsymbol{R}_{21}\mid\boldsymbol{t}_{21}^{2}] \tag{4.4}$$

其中$\boldsymbol{R}_{21}=\boldsymbol{R}_{0}$和$\boldsymbol{t}_{21}^{2}=\boldsymbol{t}_{0}$表示了两个立体相机间的相对位姿关系,可以通过相机标定获取。后一帧立体图像的相机矩阵可定义为

$$\boldsymbol{P}_{3}=[\boldsymbol{R}_{31}\mid\boldsymbol{t}_{31}^{3}],\quad \boldsymbol{P}_{4}=[\boldsymbol{R}_{41}\mid\boldsymbol{t}_{41}^{4}] \tag{4.5}$$

后文为了简单起见,假设IMU系与相机系重合。因此,式(4.5)中的各个分量可以表达如下:

$$\boldsymbol{R}_{31}=\boldsymbol{R}_{WI}^{\mathrm{T}}\boldsymbol{R}_{WI_1} \tag{4.6}$$

$$\boldsymbol{t}_{31}^{3}=\boldsymbol{R}_{WI}^{\mathrm{T}}(\boldsymbol{p}_{WI_1}^{W}-\boldsymbol{p}_{WI}^{W}) \tag{4.7}$$

$$\boldsymbol{R}_{41}=\boldsymbol{R}_{43}\boldsymbol{R}_{31}=\boldsymbol{R}_{0}\boldsymbol{R}_{WI}^{\mathrm{T}}\boldsymbol{R}_{WI_1} \tag{4.8}$$

$$\boldsymbol{t}_{41}^{4}=\boldsymbol{t}_{43}^{4}+\boldsymbol{R}_{43}\boldsymbol{t}_{31}^{3}=\boldsymbol{t}_{0}+\boldsymbol{R}_{0}\boldsymbol{R}_{WI}^{\mathrm{T}}(\boldsymbol{p}_{WI_1}^{W}-\boldsymbol{p}_{WI}^{W}) \tag{4.9}$$

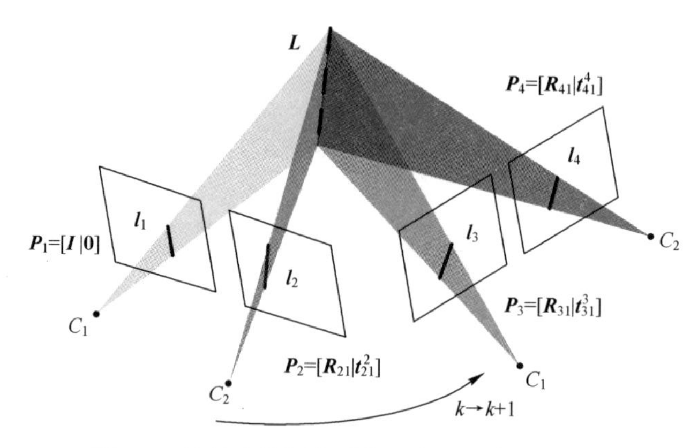


图 4.1　连续立体图像对线—线—线对应示意图

式中:$\boldsymbol{R}_{WI_1}$和$\boldsymbol{p}_{WI_1}^W$为前一帧图像拍摄时刻 MIMU 的位姿。

由上面定义的摄像机矩阵$\boldsymbol{P}_1$、$\boldsymbol{P}_2$、$\boldsymbol{P}_3$、$\boldsymbol{P}_4$可定义两个三焦张量$\mathcal{T}_\mathrm{L}=\{\boldsymbol{T}_i^L\}$和$\mathcal{T}_\mathrm{R}=\{\boldsymbol{T}_i^R\}$,分别用于描述前一帧立体图像与当前帧左、右图像的三视图几何关系。其元素可以由式(2.29)以及相应的摄像机矩阵计算:

$$\mathcal{T}_\mathrm{L}=\mathcal{T}(\boldsymbol{P}_1,\boldsymbol{P}_2,\boldsymbol{P}_3)=\mathcal{T}(\boldsymbol{R}_0,\boldsymbol{t}_0,\boldsymbol{R}_{WI},\boldsymbol{p}_{WI}^W,\boldsymbol{R}_{WI_1},\boldsymbol{p}_{WI_1}^W)\tag{4.10}$$

$$\mathcal{T}_\mathrm{R}=\mathcal{T}(\boldsymbol{P}_1,\boldsymbol{P}_2,\boldsymbol{P}_4)=\mathcal{T}(\boldsymbol{R}_0,\boldsymbol{t}_0,\boldsymbol{R}_{WI},\boldsymbol{p}_{WI}^W,\boldsymbol{R}_{WI_1},\boldsymbol{p}_{WI_1}^W)\tag{4.11}$$

由此,可以根据4个视图匹配点$\{\boldsymbol{m}_1\leftrightarrow\boldsymbol{m}_2\leftrightarrow\boldsymbol{m}_3\leftrightarrow\boldsymbol{m}_4\}$定义相应的观测点、线观测方程,其中点的观测方程为

$$h_1(\mathcal{T}_\mathrm{L},\boldsymbol{m}_1,\boldsymbol{m}_2,\boldsymbol{m}_3)=\boldsymbol{0}_{2\times1}\tag{4.12}$$

$$h_1(\mathcal{T}_\mathrm{R},\boldsymbol{m}_1,\boldsymbol{m}_2,\boldsymbol{m}_4)=\boldsymbol{0}_{2\times1}\tag{4.13}$$

式中:函数$h_1(\cdot)$为转移点和实际图像匹配点的像素差。

对于线测量,也需要一个比较转移线和匹配线接近程度的公式。由于线有孔径问题(Aperture Problem)[137],因此只有正交于转移直线的误差分量可以用作观测量,文献[40,135]将线点(直线上距离图像原点最近的点)作为观测。由于过原点的所有直线的线点都相同,因此在直线通过原点时,此观测不能反映出直线的方向误差。本课题选取匹配线的两端点到转移直线的距离作为观测。用$\underline{\boldsymbol{s}}^a$和$\underline{\boldsymbol{s}}^b$表示第一个视图匹配直线的两端点,$\hat{\boldsymbol{l}}=(\hat{l}_1,\hat{l}_2,\hat{l}_3)^\mathrm{T}$为通过第二视图和第三视图转移的直线。那么,匹配线端点到转移线的带符号距离组成了线特征的观测方程:

$$\boldsymbol{d}_1=\begin{bmatrix}\underline{\boldsymbol{s}}^a\cdot\hat{\boldsymbol{l}}\Big/\sqrt{(\hat{l}_1)^2+(\hat{l}_2)^2}\\ \underline{\boldsymbol{s}}^b\cdot\hat{\boldsymbol{l}}\Big/\sqrt{(\hat{l}_1)^2+(\hat{l}_2)^2}\end{bmatrix}=\boldsymbol{0}_{2\times1}\tag{4.14}$$

类似地,第一、二、四视图构成的线观测方程定义为

$$\boldsymbol{d}_2=\begin{bmatrix}\underline{\boldsymbol{s}}^a\cdot\hat{\boldsymbol{l}}'/\sqrt{(\hat{l}_1')^2+(\hat{l}_2')^2}\\\underline{\boldsymbol{s}}^b\cdot\hat{\boldsymbol{l}}'/\sqrt{(\hat{l}_1')^2+(\hat{l}_2')^2}\end{bmatrix}=\boldsymbol{0}_{2\times1}\tag{4.15}$$

式中:$\hat{\boldsymbol{l}}'=(\hat{l}_1',\hat{l}_2',\hat{l}_3')^{\mathrm{T}}$ 为由第一、二、四视图计算的转移线。

由上述推导可知,可以通过三焦张量来统一的处理点、线特征观测,其观测方程定义如下:

$$z=h(\mathcal{T}_{\mathrm{L}},\mathcal{T}_{\mathrm{R}},\{\boldsymbol{f}_1,\boldsymbol{f}_2,\boldsymbol{f}_3,\boldsymbol{f}_4\})=\boldsymbol{0}_{4\times1}\tag{4.16}$$

其中$\{\boldsymbol{f}_1,\boldsymbol{f}_2,\boldsymbol{f}_3,\boldsymbol{f}_4\}$表示四视图间一般的点、线特征匹配关系,$\mathcal{T}_{\mathrm{L}}$ 和 $\mathcal{T}_{\mathrm{R}}$ 包含了连续两个立体图像对间的运动信息,函数 $h(\cdot)$ 根据不同的特征类型定义了相应的观测函数。

## 4.4 滤波器设计

### 4.4.1 状态矢量结构

由 4.3 节推导可知,测量模型实际上是关联系统不同时刻状态(即前后两立体图像帧拍摄时刻)的相对位姿测量。标准的卡尔曼滤波要求观测量仅与当前状态相关,而与历史状态条件独立。为了解决此问题,文献[4]提出将前一帧图像拍摄时刻的 MIMU 位姿信息增广到状态矢量中的解决办法,被称为随机克隆卡尔曼滤波(Stochastic Cloning Kalman Filter)。状态增广后测量量仅与当前系统状态有关,从而可以应用卡尔曼滤波框架。增广后的标称状态为

$$\hat{\boldsymbol{x}}=[\hat{\boldsymbol{x}}_{\mathrm{IMU}}^{\mathrm{T}}\quad(\hat{\boldsymbol{p}}_{WI_1}^{W})^{\mathrm{T}}\quad(\hat{\bar{\boldsymbol{q}}}_{WI_1})^{\mathrm{T}}]^{\mathrm{T}}\tag{4.17}$$

式中:$\hat{\boldsymbol{x}}_{\mathrm{IMU}}$为 MIMU 的标称状态,可以通过对不含噪声项的方程式(4.2)积分获得;$\hat{\boldsymbol{p}}_{WI_1}^{W}$和$\hat{\bar{\boldsymbol{q}}}_{WI_1}$表示上一帧图像拍摄时刻对应的 MIMU 位姿。相对应的增广误差状态可以定义为

$$\delta\boldsymbol{x}=[\delta\boldsymbol{x}_{\mathrm{IMU}}\quad(\delta\boldsymbol{p}_{WI_1}^{W})^{\mathrm{T}}\quad(\delta\boldsymbol{\theta}^{I_1})^{\mathrm{T}}]^{\mathrm{T}}\tag{4.18}$$

其中,$\delta\boldsymbol{x}_{\mathrm{IMU}}$为 MIMU 误差状态,定义为

$$\delta\boldsymbol{x}_{\mathrm{IMU}}=[(\delta\boldsymbol{p}_{WI}^{W})^{\mathrm{T}}\quad(\delta\boldsymbol{\theta}^{I})^{\mathrm{T}}\quad(\delta\boldsymbol{v}_{WI}^{W})^{\mathrm{T}}\quad\delta\boldsymbol{b}_g^{\mathrm{T}}\quad\delta\boldsymbol{b}_a^{\mathrm{T}}]^{\mathrm{T}}\tag{4.19}$$

其中,位置、速度和零偏测量采用加性噪声定义,而姿态四元数误差采用如下乘性误差定义:

$$\bar{q}_{WI}=\hat{\bar{q}}_{WI}\otimes\delta\bar{q}=\hat{\bar{q}}_{WI}\otimes\begin{bmatrix}1 & \frac{1}{2}(\delta\boldsymbol{\theta}^{I})^{\mathrm{T}}\end{bmatrix}^{\mathrm{T}} \tag{4.20}$$

式中:$\otimes$为四元数乘法;$\delta\bar{q}=\begin{bmatrix}1 & \frac{1}{2}(\delta\boldsymbol{\theta}^{I})^{\mathrm{T}}\end{bmatrix}^{\mathrm{T}}$为误差四元数。根据以上定义,真实状态可以表达为

$$\boldsymbol{x}=\hat{\boldsymbol{x}}\oplus\delta\boldsymbol{x} \tag{4.21}$$

其中,$\oplus$符号表示一般意义下的加法。

随机克隆卡尔曼滤波的时间更新及量测更新过程可参考图 4.2。其中,MIMU 数据用于时间更新,而立体视觉相对测量用于量测更新。

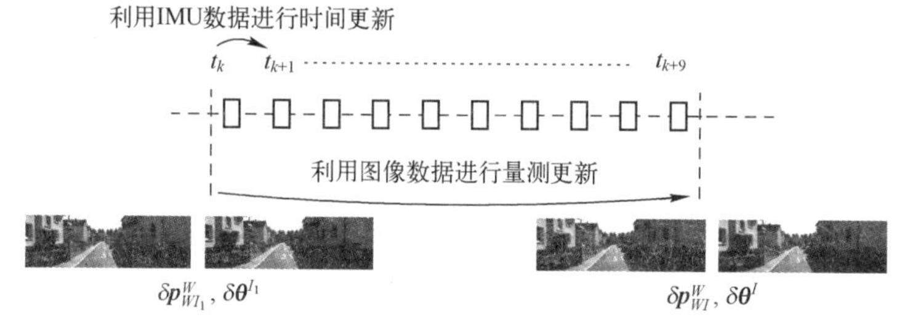


图 4.2　随机克隆卡尔曼滤波流程图

## 4.4.2　卡尔曼滤波时间传播

MIMU 误差传播模型可由如下矩阵方程给出:

$$\delta\dot{\boldsymbol{x}}_{\mathrm{IMU}}=\boldsymbol{F}_{\mathrm{IMU}}\delta\boldsymbol{x}_{\mathrm{IMU}}+\boldsymbol{G}_{\mathrm{IMU}}\boldsymbol{n}_{\mathrm{IMU}} \tag{4.22}$$

其中

$$\boldsymbol{F}_{\mathrm{IMU}}=\begin{bmatrix}\boldsymbol{0}_{3\times3} & \boldsymbol{I}_3 & \boldsymbol{0}_{3\times3} & \boldsymbol{0}_{3\times3} & \boldsymbol{0}_{3\times3}\\ \boldsymbol{0}_{3\times3} & -[(\boldsymbol{\omega}_m(t)-\boldsymbol{b}_g(t))\times] & \boldsymbol{0}_{3\times3} & -\boldsymbol{I}_3 & \boldsymbol{0}_{3\times3}\\ \boldsymbol{0}_{3\times3} & -\boldsymbol{R}(\bar{q}_{WI}(t))[(\boldsymbol{a}_m(t)-\boldsymbol{b}_a(t))\times] & \boldsymbol{0}_{3\times3} & \boldsymbol{0}_{3\times3} & -\boldsymbol{R}(\bar{q}_{WI}(t))\\ \boldsymbol{0}_{3\times3} & \boldsymbol{0}_{3\times3} & \boldsymbol{0}_{3\times3} & \boldsymbol{0}_{3\times3} & \boldsymbol{0}_{3\times3}\\ \boldsymbol{0}_{3\times3} & \boldsymbol{0}_{3\times3} & \boldsymbol{0}_{3\times3} & \boldsymbol{0}_{3\times3} & \boldsymbol{0}_{3\times3}\end{bmatrix} \tag{4.23}$$

$$\boldsymbol{G}_{\mathrm{IMU}}=\begin{bmatrix}\boldsymbol{0}_{3\times3} & \boldsymbol{0}_{3\times3} & \boldsymbol{0}_{3\times3} & \boldsymbol{0}_{3\times3}\\ -\boldsymbol{I}_3 & \boldsymbol{0}_{3\times3} & \boldsymbol{0}_{3\times3} & \boldsymbol{0}_{3\times3}\\ \boldsymbol{0}_{3\times3} & -\boldsymbol{R}(\bar{q}_{WI}(t)) & \boldsymbol{0}_{3\times3} & \boldsymbol{0}_{3\times3}\\ \boldsymbol{0}_{3\times3} & \boldsymbol{0}_{3\times3} & \boldsymbol{I}_3 & \boldsymbol{0}_{3\times3}\\ \boldsymbol{0}_{3\times3} & \boldsymbol{0}_{3\times3} & \boldsymbol{0}_{3\times3} & \boldsymbol{I}_3\end{bmatrix} \tag{4.24}$$

$$\boldsymbol{n}_{\mathrm{IMU}}=[(\boldsymbol{n}_g)^{\mathrm{T}}\quad(\boldsymbol{n}_a)^{\mathrm{T}}\quad(\boldsymbol{n}_{gw})^{\mathrm{T}}\quad(\boldsymbol{n}_{aw})^{\mathrm{T}}]^{\mathrm{T}} \tag{4.25}$$

由于扩展的历史位姿信息在滤波器时间传播过程中不变,因此相应导数为零,有

$$\dot{\hat{\boldsymbol{p}}}_{WI_1}^{W}=\boldsymbol{0},\quad \dot{\hat{\bar{q}}}_{WI_1}=\boldsymbol{0} \tag{4.26}$$

$$\delta\dot{\boldsymbol{p}}_{WI_1}^{W}=\boldsymbol{0},\quad \delta\dot{\boldsymbol{\theta}}^{I_1}=\boldsymbol{0} \tag{4.27}$$

综合式(4.22)和式(4.27)可得到连续时间增广误差状态方程:

$$\delta\dot{\boldsymbol{x}}=\boldsymbol{F}_c\delta\boldsymbol{x}+\boldsymbol{G}_c\boldsymbol{n}_{\mathrm{IMU}} \tag{4.28}$$

其中

$$\boldsymbol{F}_c=\begin{bmatrix}\boldsymbol{F}_{\mathrm{IMU}} & \boldsymbol{0}_{15\times6}\\ \boldsymbol{0}_{6\times15} & \boldsymbol{0}_{6\times6}\end{bmatrix} \tag{4.29}$$

$$\boldsymbol{G}_c=\begin{bmatrix}\boldsymbol{G}_{\mathrm{IMU}}\\ \boldsymbol{0}_{6\times6}\end{bmatrix} \tag{4.30}$$

其中 $\boldsymbol{F}_{\mathrm{IMU}}$ 及 $\boldsymbol{G}_{\mathrm{IMU}}$ 分别在式(4.23)及式(4.24)定义。

每当收到新的 MIMU 测量,则通过对运动方程式(4.2)积分获取标称状态。为了获取误差协方差,这里计算离散时间状态矩阵:

$$\boldsymbol{\Phi}_k=\boldsymbol{\Phi}(t_{k+1},t_k)=\exp\left(\int_{t_k}^{t_{k+1}}\boldsymbol{F}_c(\tau)\,\mathrm{d}\tau\right) \tag{4.31}$$

离散过程噪声协方差矩阵 $\boldsymbol{Q}_d$ 可由下式计算[138]:

$$\boldsymbol{Q}_d=\int_{t_k}^{t_{k+1}}\boldsymbol{\Phi}(t_{k+1},\tau)\boldsymbol{G}_c\boldsymbol{Q}_c\boldsymbol{G}_c^{\mathrm{T}}\boldsymbol{\Phi}^{\mathrm{T}}(t_{k+1},\tau)\,\mathrm{d}\tau \tag{4.32}$$

时间传播后的误差协方差矩阵为[138]

$$\boldsymbol{P}_{k+1|k}=\boldsymbol{\Phi}_k\boldsymbol{P}_{k|k}\boldsymbol{\Phi}_k^{\mathrm{T}}+\boldsymbol{Q}_d \tag{4.33}$$

### 4.4.3　量测更新

由于测量模型具有很强的非线性,一方面很难直接对其线性化,另一方面直接线性化很难保证计算精度。因此,本节采用基于统计线性化的方法,通常其线性化精度高于一阶泰勒展开的精度[139]。具体实现采用所谓的 Sigma 点卡尔曼滤波(Sigma-point Kalman filter)[140]进行量测更新。首先,根据先验分布选取如下 Sigma 点[140]:

$$\begin{cases}\mathcal{X}^{(0)}=\boldsymbol{0}_{21\times1}\\ \mathcal{X}^{(i)}=\left(\sqrt{(n+\lambda)\boldsymbol{P}_{k+1|k}}\right)_i,\quad i=1,2,\cdots,n\\ \mathcal{X}^{(i)}=-\left(\sqrt{(n+\lambda)\boldsymbol{P}_{k+1|k}}\right)_i,\quad i=n+1,n+2,\cdots,2n\end{cases} \tag{4.34}$$

其中,$n=21$ 为系统状态的维数,参数 $\lambda=\alpha^2(n+\kappa)-n$ 用于调节 Sigma 点集到均值点的距离,通常,$\lambda$ 越大则 Sigma 点的分布越广。其中 $\alpha$ 取为一个很小的整数 $(0\leqslant\alpha\leqslant1)$,$\kappa$ 通常取大于零的数以保证协方差矩阵正定[140,141]。$(\sqrt{\boldsymbol{P}})_i$ 表示协方差矩阵 $\boldsymbol{P}$ 的平方根的第 $i$ 列。

相应的 Sigma 点权值定义如下:

$$\begin{cases} W_m^{(0)}=\dfrac{\lambda}{\lambda+n}, \\ W_c^{(0)}=\dfrac{\lambda}{\lambda+n}+(1-\alpha^2+\beta), \\ W_m^{(i)}=W_c^{(i)}=\dfrac{1}{2(\lambda+n)}, \quad i=1,2,\cdots,2n \end{cases} \tag{4.35}$$

其中 $\beta$ 用于修正随机状态变量的验前信息,对于高斯分布,$\beta=2$ 是最优的[140,141]。

将以上定义的 Sigma 点集代入式(4.16)定义非线性变换 $h(\cdot)$,得到变换后点集如下:

$$\mathscr{Z}_j^{(i)}=h(\mathcal{T}_{\mathrm{L}}(\hat{\boldsymbol{x}}_{k+1}\oplus\mathcal{X}^{(i)}),\mathcal{T}_{\mathrm{R}}(\hat{\boldsymbol{x}}_{k+1}\oplus\mathcal{X}^{(i)}),\{\boldsymbol{f}_1,\boldsymbol{f}_2,\boldsymbol{f}_3,\boldsymbol{f}_4\}_j) \tag{4.36}$$

测量的均值和和方差可计算如下:

$$\hat{\mathscr{Z}}_j=\sum_{i=0}^{i=2L}W_m^{(i)}\mathscr{Z}_j^{(i)} \tag{4.37}$$

$$\boldsymbol{P}^{z_jz_j}=\sum_{i=0}^{i=2L}W_c^{(i)}[\mathscr{Z}_j^{(i)}-\hat{\mathscr{Z}}_j][\mathscr{Z}_j^{(i)}-\hat{\mathscr{Z}}_j]^{\mathrm{T}} \tag{4.38}$$

状态与测量的互协方差可计算如下:

$$\boldsymbol{P}^{xz_j}=\sum_{i=0}^{i=2L}W_c^{(i)}[\mathcal{X}^{(i)}-\boldsymbol{0}_{27\times1}][\mathscr{Z}_j^{(i)}-\hat{\mathscr{Z}}_j]^{\mathrm{T}} \tag{4.39}$$

滤波器增益矩阵可由下式计算:

$$\boldsymbol{K}_j=\boldsymbol{P}^{xz_j}(\boldsymbol{P}^{z_jz_j}+\boldsymbol{R}_j)^{-1} \tag{4.40}$$

进而可以更新系统的误差状态和相应的协方差

$$\delta\boldsymbol{x}_{k+1|k+1}=\delta\boldsymbol{x}_{k+1|k}+\boldsymbol{K}_j(\boldsymbol{0}-\hat{\mathscr{Z}}_j) \tag{4.41}$$

$$\boldsymbol{P}_{k+1|k+1}=\boldsymbol{P}_{k+1|k}-\boldsymbol{K}_j\boldsymbol{P}^{z_jz_j}\boldsymbol{K}_j^{\mathrm{T}} \tag{4.42}$$

量测更新后,利用估计的误差 $\delta\boldsymbol{x}_{k+1|k+1}$ 状态校正系统的标称状态 $\hat{\boldsymbol{x}}_{k+1}$。

最后需要替换扩展状态向量中过时的历史 MIMU 位姿信息及相应的协方差:

$$\hat{\boldsymbol{x}}_{k+1}=\boldsymbol{T}_n\hat{\boldsymbol{x}}_{k+1},\quad \delta\boldsymbol{x}_{k+1}=\boldsymbol{T}_e\delta\boldsymbol{x}_{k+1},\quad \boldsymbol{P}_{k+1|k+1}=\boldsymbol{T}_e\boldsymbol{P}_{k+1|k+1}\boldsymbol{T}_e^{\mathrm{T}} \tag{4.43}$$

其中

$$\boldsymbol{T}_n=\begin{bmatrix}\boldsymbol{I}_7 & \boldsymbol{0}_{7\times9} & \boldsymbol{0}_{7\times7}\\ \boldsymbol{0}_{9\times7} & \boldsymbol{I}_9 & \boldsymbol{0}_{9\times7}\\ \boldsymbol{I}_7 & \boldsymbol{0}_{7\times9} & \boldsymbol{0}_{7\times7}\end{bmatrix} \tag{4.44}$$

$$\boldsymbol{T}_e=\begin{bmatrix}\boldsymbol{I}_6 & \boldsymbol{0}_{6\times9} & \boldsymbol{0}_{6\times6}\\ \boldsymbol{0}_{9\times6} & \boldsymbol{I}_9 & \boldsymbol{0}_{9\times6}\\ \boldsymbol{I}_6 & \boldsymbol{0}_{6\times9} & \boldsymbol{0}_{6\times6}\end{bmatrix} \tag{4.45}$$

## 4.5 实验结果和讨论

### 4.5.1 图像特征提取、匹配和野值剔除

对图像点、线特征的提取和匹配是实现视觉辅助导航的基础。有关点特征提取的研究历史可以追溯到 20 世纪 70 年代末。1977 年,Moravec 为了完成基于立体视觉的机器人室内导航任务,提出了兴趣点(Interest Point)的概念,称为 Moravec 角点[142]。后来,兴趣点检测逐渐成为计算机视觉领域研究的热点问题。目前,有多种算法可供选择。其中,FAST(Features From Accelerated Segment Test)[143]特征由于其计算量小、实时性强等诸多优点,在视觉导航领域得到了广泛的应用[17,30,144-148]。因此,本书采用 FAST 来进行点特征提取,并用规范化互相关(Normalized Cross-correlation)[149]算法来进行特征匹配。为了降低计算复杂度和保证图像特征的良好分布,在处理时利用所谓的 bucketing[150]技术来随机选取一定数量的特征点。具体实现机制如图 4.3 所示:首先,将图像整体划分为一定的不重叠区域,如图中线框所示。然后,在每一个区域随机选取特征点,并保证每一个矩形区域内的特征点数量不超过某一值。图 4.3 所示,“○”表示选取的特征点,“×”表示未选的特征点。

图 4.3　Bucketing 技术示意图

对于线特征，本书使用 EDLine[151] 直线特征提取算法来提取直线，并且利用 LBD(Line Band Descriptor)[136] 描述子来表示直线。LBD 类似于点特征描述符中的 SIFT 特征描述符，用于描述特征直线的外观(Appearance)。最后，使用张礼廉等[136] 提出的基于外观和几何一致性约束的匹配算法来完成直线匹配。图 4.4 给出了实际数据处理中提取和匹配的点、线特征示意图，可以看到实验场景中点、线特征同样丰富。

图 4.4 点、线特征提取示例

为了剔除特征误匹配以及动态环境特征(例如行人和运动的车辆)等对估计器的影响，这里对测量残差做卡方检验(Chi-square Test)[152]。计算 Mahalanobis 距离如下：

$$\boldsymbol{v}_j=(\mathbf{0}-\hat{\mathscr{Z}}_j)^{\mathrm{T}}(\boldsymbol{P}^{z_jz_j}+\boldsymbol{R}_j)^{-1}(\mathbf{0}-\hat{\mathscr{Z}}_j) \tag{4.46}$$

式中：$(\mathbf{0}-\hat{\mathscr{Z}}_j)$ 为测量残差；$\boldsymbol{P}^{z_jz_j}+\boldsymbol{R}_j$ 为测量残差的协方差。野值剔除的阈值通常根据特征匹配的可靠性等因素由经验获取。本书实验中选取阈值为 12，当 $\boldsymbol{v}_j$ 超过此阈值时，剔除此特征。

## 4.5.2 室外实验

为了验证算法的有效性，本书采用目前智能车导航研究中使用较多的 KITTI 数据集[153] 对室外实验效果进行评估。如图 4.5 所示，KITTI 数据采集车辆装载有多种传感器，其中包括：

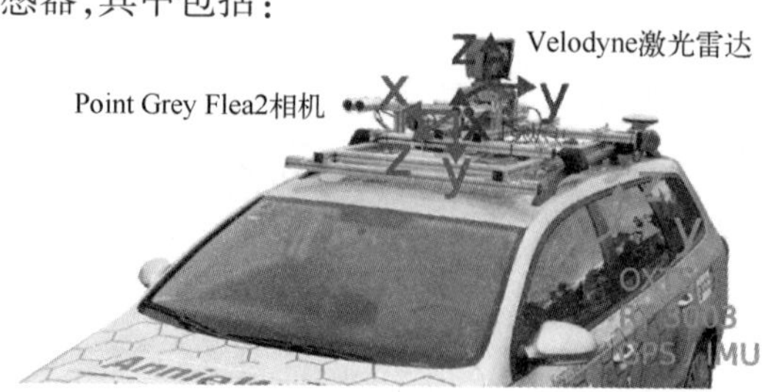


图 4.5 KITTI 数据采集车

（1）一个带有RTK改正信号的OXTS RT3003 GPS/IMU组合导航系统。

（2）一个Velodyne 64线激光雷达。

（3）两台Point Grey Flea2单色相机（FL2-14S3M-C）。

（4）两台Point Grey Flea2彩色相机（FL2-14S3C-C）。

（5）4个可变焦距镜头（4-8mm）：Edmund Optics NT59-917。

设备之间的安装关系已经离线标定，并且假设在实验中保持不变。另外，采集的数据已经通过离线同步处理，时间同步误差小于5ms。本节使用的主要数据为GPS/IMU的数据，以及两个Point Grey Flea2单色相机的数据。其中，惯导和相机数据用于做惯性/视觉组合导航，而GPS/IMU组合结果用于做参考基准。传感器的指标如表4.1所列。实验路径总长度约为3600m，总计440s，平均速度约为8m/s。

表4.1 KITTI传感器指标

| 传感器 | 数量 | 指标 | 采样频率/Hz |
|---|---|---|---|
| 陀螺仪 | 1 | 陀螺漂移：36°/h | 100 |
| 加速度计 | 1 | 零偏：1mg | 100 |
| 摄像机 | 2 | 分辨率：1226×370像素 | 10 |
| GPS/INS | 1 | 定位误差（无遮挡）：<0.005m<br>航向误差：0.1°<br>水平角误差：0.03° | 100 |

在说明实验结果之前，先定义比较算法性能的方式。这里以欧几里得距离和旋转角来定义位移和旋转的误差，并将均方根值误差（RMSE）随时间的变化用图的方式呈现，最后以表格的形式比较整个过程的轨迹的RMSE。其中RMSE的计算方式如下：

$$\mathrm{RMSE}=\sqrt{\frac{1}{N}\sum_{j=1}^{N}e_j^2} \tag{4.47}$$

式中：$e_j$为每点测量的误差；$N$为测量的总点数。

与本节提出算法相对比的算法包含：①GPS/IMU组合导航（GPS/IMU），以此作为参考基准；②仅使用点特征的惯性/立体视觉组合导航算法[34]；③纯惯性导航算法；④纯立体视觉里程计算法[154]。

图4.6给出了不同算法的估计轨迹在谷歌地图上的投影。同时，图4.7给出了不同算法轨迹估计误差的对比图，其中80~100s的误差较大是由于GPS信号遮挡导致数据集中给出的GPS/IMU组合导航结果偏差引起的。表4.2给出

了各个算法的总体均方根值误差。可以看到:①纯惯性导航由于受到误差积累的限制,不能单独用于长时间导航;②纯立体视觉里程计的结果也相对较差,尤其是车辆转弯过程中,并且由于纯立体视觉里程计也受零偏的影响而误差呈超线性增长;③基于点特征辅助的惯性/立体视觉组合导航系统能够有效地降低误差的累积速率;④加入线特征辅助对于导航精度有所提高,但是相对于仅用点特征辅助提高不大。

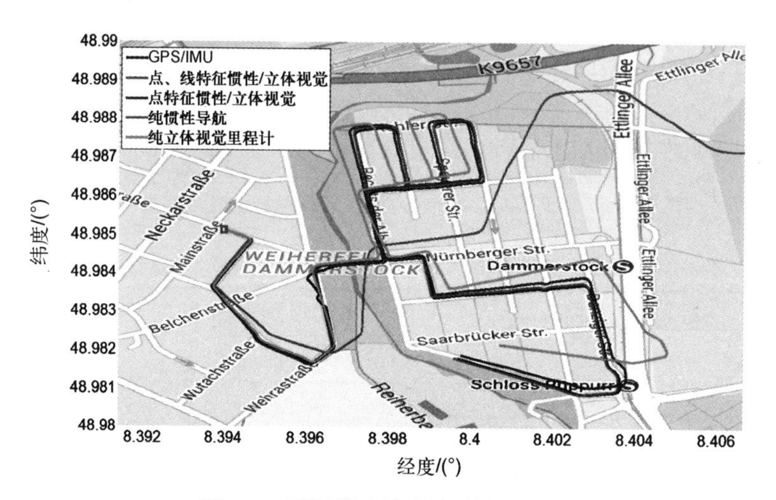


图 4.6　不同算法轨迹估计结果对比

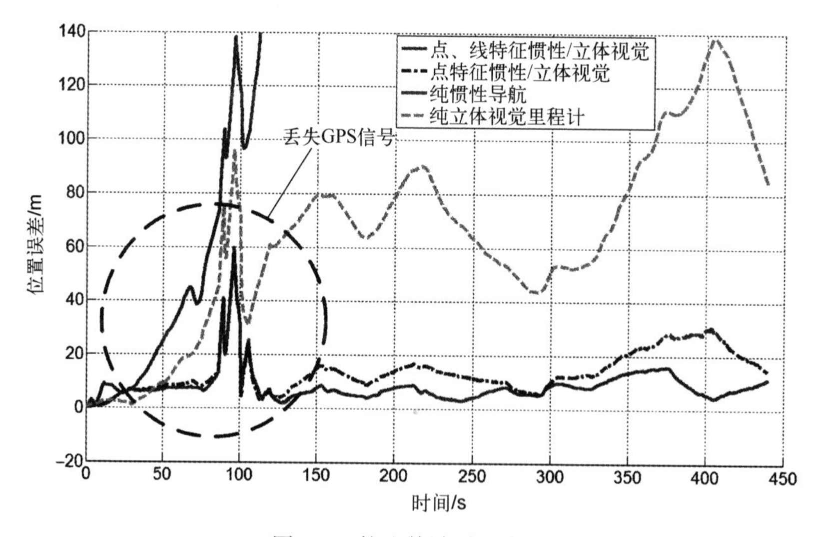


图 4.7　轨迹估计误差曲线

表 4.2 室外实验总体 RMSE

| 方 法 | 位置 RMSE/m | 姿态 RMSE/(°) |
| --- | --- | --- |
| 点、线特征惯性/立体视觉 | 10.6338 | 0.8313 |
| 点特征惯性/立体视觉 | 16.4150 | 0.9126 |
| 纯惯性导航 | 2149.9 | 2.0034 |
| 纯立体视觉里程计 | 72.6399 | 8.1809 |

进一步图 4.8 和图 4.9 分别给出了速度和姿态误差以及其 $3\sigma$ 界。可以看到,速度以及水平角的标准差是有界的,而航向角的标准差随时间增长。说明航向角是不可观的,这与惯性/视觉组合导航系统的可观属性是一致的[155]。图 4.9 中航向角误差比较小是由于所用的陀螺仪精度较高。

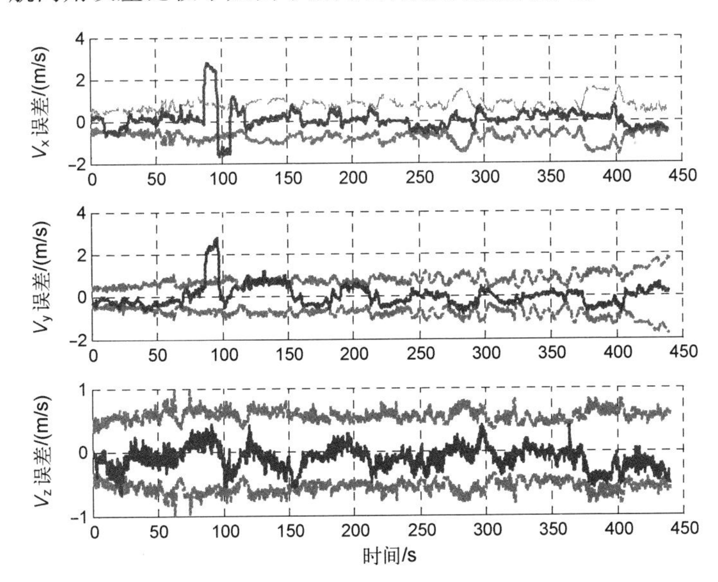


图 4.8 速度误差及协方差曲线(100s 左右的大偏差由于参考基准误差引起)

最后,图 4.10 给出了陀螺和加速度计的零偏估计。可以看到,所有的惯性器件零偏都能够快速收敛到一个合理的范围。

### 4.5.3 室内实验

为了进一步评估算法性能,本章进一步对室内弱纹理的走廊环境对算法进行了验证。如图 4.11 所示,室内实验设备包括:

(1) Point Grey Bumblebee2 立体相机一台。

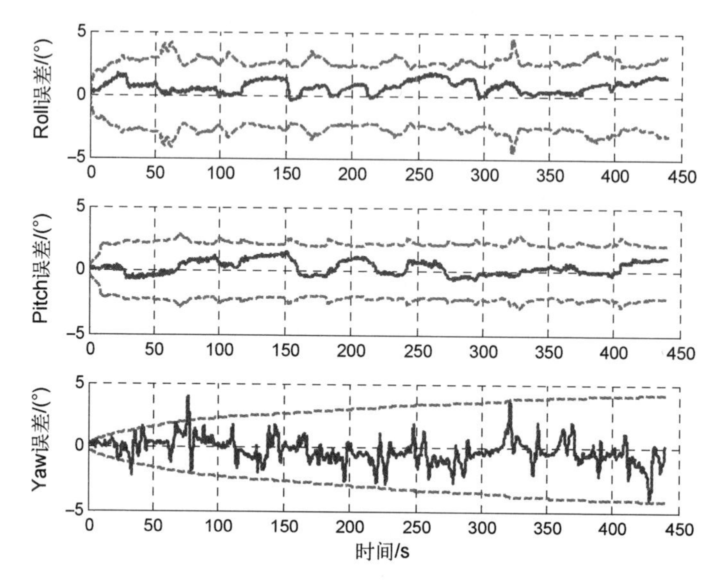


图 4.9　姿态误差及协方差曲线

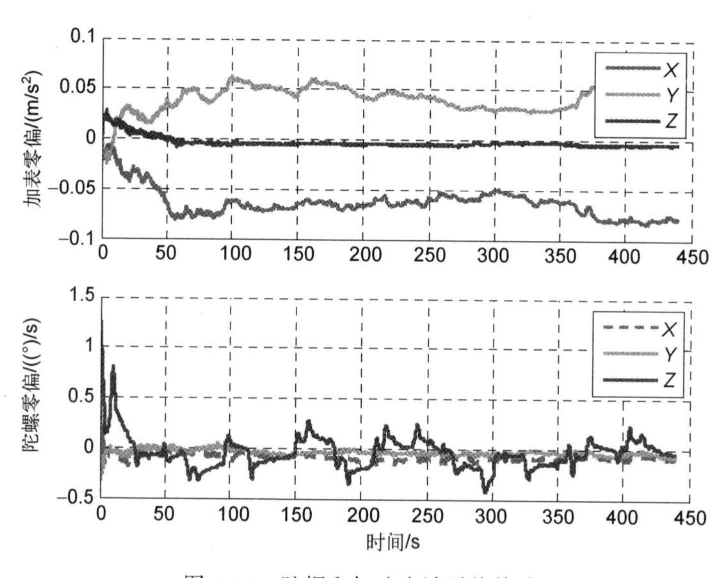


图 4.10　陀螺和加速度计零偏估计

（2）Xsens MTi 惯性测量单元一个。

（3）用于数据采集的笔记本电脑一台。

传感器的性能指标如表 4.3 所列。实验中惯导与相机间的安装关系已通过第 3 章介绍的标定算法离线标定。时间同步通过 Xsens MTi 定时发送脉冲信号触发相机拍照来实现。设备被固连安装在手推车上。

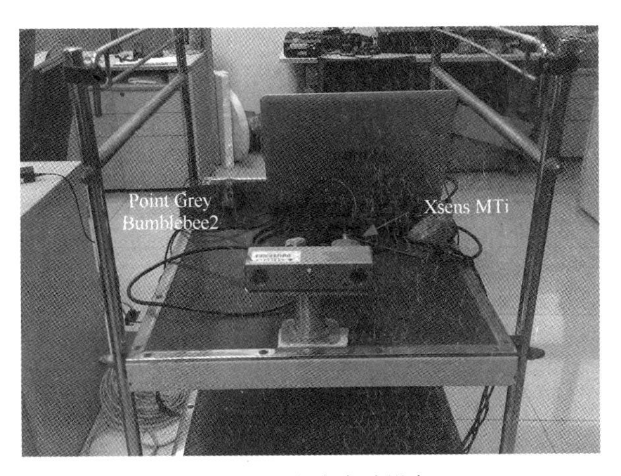


图 4.11　室内实验设备

表 4.3　室内实验传感器指标

| 传　感　器 | 性 能 指 标 | 采样频率/Hz |
|---|---|---|
| MIMU | 陀螺漂移:1°/s<br>加表零偏:0.02m/s$^2$ | 100 |
| 立体相机 | 分辨率:640×480pixels<br>焦距:3.8mm<br>视角:70°<br>基线:12cm | 10 |

典型的室内场景示意图如图 4.12 所示,其中十字表示匹配的点特征,而直线表示匹配到的线特征。可见,在此环境下线特征比较丰富,相反匹配的点特征比较少。实验手推车的运动轨迹为绕走廊一圈回到起点。由于没有参考基准,为方便对比结果尽量保持手推车沿直线行进。整个运动轨迹的总长度约为 90m。

图 4.12　室内场景示意图

图 4.13 和图 4.14 分别给出了仅用点特征与同时使用点、线特征情况下的轨迹估计结果以及可用特征数量对比结果。可以看到,同时使用点、线特征能够很大程度地提高估计效果。这是由于室内环境下的点特征比较少,而且类似图 4.12 所示,其分布也不均匀,尤其是在走廊尽头拐角处。从图 4.14 中可以看到,在拐角处(500~600 帧),可用点特征数目非常少,导致了较大的航向估计误差。增加了线特征辅助后,可用特征总数一直保持在比较高的水平,保持了估计结果的准确性。

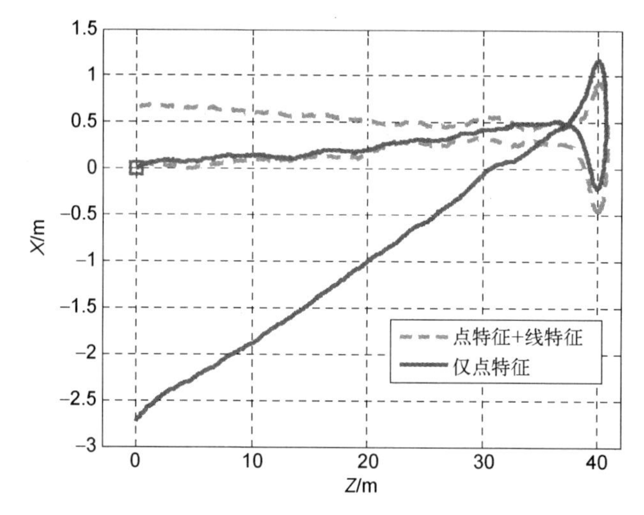


图 4.13 室内实验轨迹估计对比图

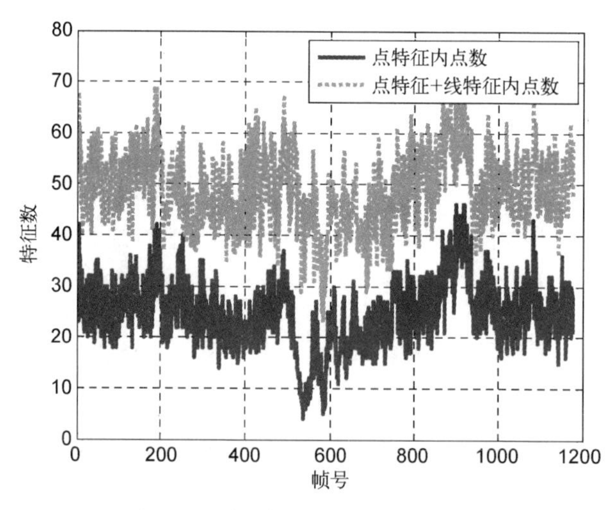


图 4.14 点、线可用特征数量对比图

## 4.6 本章小结

本章提出了一种基于多视图几何的点、线特征辅助惯性/立体视觉组合导航算法。推导了基于多视图几何约束的点、线特征测量模型，并且针对测量模型的特点设计了随机克隆卡尔曼滤波算法。利用扩展卡尔曼滤波进行状态和协方差传播，并利用Sigma点卡尔曼滤波进行鲁棒量测更新，能够有效地剔除误匹配或动态环境特征产生的野值。最后分别针对室外和室内实验环境对算法进行了验证。实验结果表明：在点特征比较丰富且分布较好的环境中，增加线特征对整体导航精度提高不大；在室内等点特征不够丰富而线特征较多的环境中，增加线特征观测能够很大程度上提高组合导航精度，避免点特征匹配错误引起的滤波发散。

# 第5章　基于多视图几何及消影点辅助的惯性/立体视觉组合导航方法

## 5.1 引　言

虽然第4章提出的结合点、线特征的惯性/立体视觉组合导航方法能够一定程度上提高导航精度。但是,长时间运行误差仍然会比较快速的累积。由惯性/视觉组合系统可观性分析结论可知:组合系统的全局航向和全局位置是不可观的[14,35]。不可观方向的误差会随运行时间而积累。当前,常用的误差消除办法是所谓的闭环检测(Loop Closure),也就是当重新回到曾经访问过的位置时通过一定的手段检测闭环,并且利用此信息优化整个地图和载体的位姿信息。这种方法的缺点有三个:一是需要存储大量的地图信息,存储空间需求随时间和空间增长迅速;二是优化过程需要的计算量庞大,不利于实时计算;三是很多时候无法检测到闭环,或是检测闭环的间隔时间比较长导致闭环优化时的初始误差比较大,难以收敛。事实上,在以上所述不可观方向中,航向误差对整个系统的误差积累贡献更大。因为它与速度、位置等有比较强的耦合关系,相反位置误差其他系统状态影响较弱。抑制航向误差的常用手段是磁罗盘,但是磁罗盘在实际中非常容易受到干扰,导致很大的航向测量误差。

本章基于室内结构化环境特点,提出了一种基于消影点辅助的惯性/立体视觉组合导航方法。其基本的滤波器结构与第4章相似,不同的是增加了消影点观测信息,以此来提供一个准绝对航向约束。后续章节组织如下:5.2节介绍消影点的几何、代数意义及其在曼哈顿世界假设下的估计方法;5.3节设计了组合滤波导航算法;5.4节给出相关实验结果和讨论;5.5节对本章进行小结。

# 5.2　消影点的几何、代数意义及估计方法

## 5.2.1　消影点的几何、代数意义

在透视几何中,消影点为直线上无穷远点在相机平面的投影。消影点最常见的例子是火车铁轨。实际场景中平行的两条铁轨,在图像平面内交于一点,此点即两条平行铁轨的消影点。为便于理解,图5.1给出了平面到线阵投影相机的消影点示意图,平面上的点 $\boldsymbol{X}\to\infty$ 时,该无穷远点投影到垂直图像线的像点为 $\boldsymbol{x}=\boldsymbol{v}$,投影到倾斜图像线的像点为 $\boldsymbol{x}'=\boldsymbol{v}'$。因此,该平面直线的消影点是过摄像机中心 $\boldsymbol{C}$ 并平行于它的射线与图像线的交点。同理,三维空间中直线的消影点为过摄像机中心且平行于空间直线的射线与图像平面的交点,如图5.2所示。可见,两条平行线 $L_1$ 和 $L_2$ 的无穷远点在为图像平面上的投影为同一点。因此,消影点只依赖于直线的方向,而与直线的位置无关,空间中平行直线有共同的消影点。

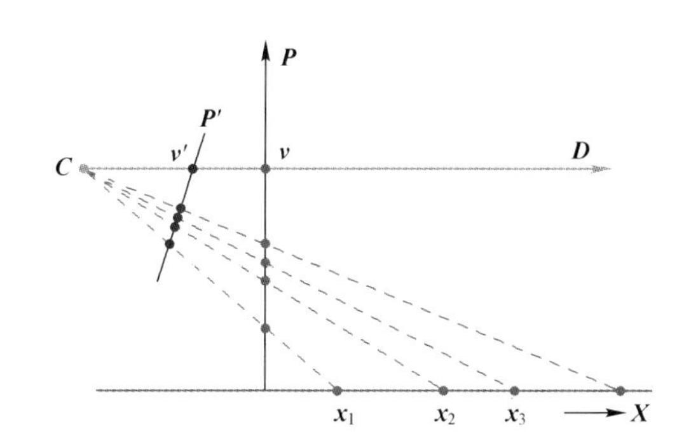

图5.1　消影点示意图(线阵相机)

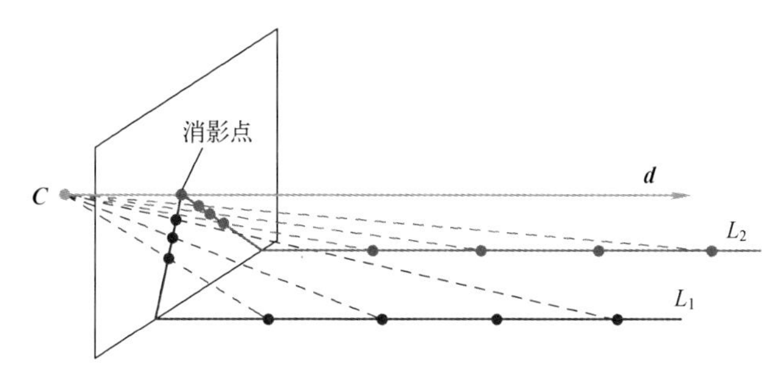

图5.2　两平行线的消影点示意图

以上关系也可以在代数意义上推得。三维空间中过一点 $\boldsymbol{A}$ 且方向为 $\boldsymbol{D}=(\boldsymbol{d}^{\mathrm{T}},0)^{\mathrm{T}}$ 的直线可以由下式表示:

$$\boldsymbol{X}(\lambda)=\boldsymbol{A}+\lambda\boldsymbol{D} \tag{5.1}$$

当 $\lambda$ 趋向于无穷远过程中,$\boldsymbol{X}(\lambda)$ 逐渐由有限点变为无穷远点。在摄像机矩阵 $\boldsymbol{P}=\boldsymbol{K}[\boldsymbol{I}_3 \mid \boldsymbol{0}_{3\times1}]$ 的作用下,点 $\boldsymbol{X}(\lambda)$ 在相机平面的投影可表示为

$$\boldsymbol{x}(\lambda)=\boldsymbol{PX}(\lambda)=\boldsymbol{PA}+\lambda\boldsymbol{PD} \tag{5.2}$$

当 $\lambda\to\infty$ 时,有

$$\boldsymbol{v}=\lim_{\lambda\to\infty}\boldsymbol{x}(\lambda)=\lim_{\lambda\to\infty}(\boldsymbol{a}+\lambda\boldsymbol{Kd})=\boldsymbol{Kd} \tag{5.3}$$

式中:$\boldsymbol{K}$ 为相机内参矩阵;$\boldsymbol{d}$ 为空间直线的方向。可以看到,消影点只与直线的方向有关,而与直线的位置无关。因此,我们可以通过对消影点的检测和跟踪来估计相机相对于环境的姿态。

假设三维场景中两组平行直线的单位矢量分别为 $\boldsymbol{d}_1$ 和 $\boldsymbol{d}_2$,其相应的消影点分别为 $\boldsymbol{v}_1$ 和 $\boldsymbol{v}_2$,则有

$$\boldsymbol{v}_1=\boldsymbol{KRd}_1,\quad \boldsymbol{Rd}_1=\boldsymbol{K}^{-1}\boldsymbol{v}_1 \tag{5.4}$$

$$\boldsymbol{v}_2=\boldsymbol{KRd}_2,\quad \boldsymbol{Rd}_2=\boldsymbol{K}^{-1}\boldsymbol{v}_2 \tag{5.5}$$

若已知 $\boldsymbol{d}_1$ 与 $\boldsymbol{d}_2$ 的方向,并且同时能检测到相对应的消影点 $\boldsymbol{v}_1$ 和 $\boldsymbol{v}_2$,则很容易通过双矢量定姿方法获得相机相对场景的姿态。

### 5.2.2 基于曼哈顿世界假设的消影点估计方法

由 5.2.1 节讨论可知,如果已知场景的结构信息(例如已知两组以上平行线方向),则可通过消影点检测来计算相机的姿态。一般情况下,场景结构是未知的,但是在许多建筑物环境中绝大多数的空间线不是垂直就是平行于重力方向,这就是所谓的曼哈顿世界假设[96]。曼哈顿世界提供了一个天然的笛卡儿坐标系统,只要通过图像信息估计出笛卡儿坐标系三个方向的消影点,即可计算出相机相对场景的姿态。基于以上原因,在曼哈顿世界假设条件下估计消影点的问题得到了很多研究者的关注[96,156-162]。估计消影点后又可进一步对图像中的直线进行分类,如图 5.3 所示。图中三类直线分别对应隶属于空间三个方向的直线。在已经提取图像内直线特征的前提下,用于计算消影点的方法可大致分为四类[163],以下分别介绍。

第一类方法基于霍夫变换(Hough Transform)[164,165]:计算每两条直线的交点,并且将其归入相应的量化角区间。然后,统计每一个量化角区间的元素个数,其中数量最多的则为主消影点。这种方法的缺点是检测精度受量化区间的限制、计算量大,而且受噪声影响较大。此外,由于消影点都是单独检测,不能

(a) 室内环境

(b) 室外环境

图 5.3 曼哈顿世界直线示例

直接应用曼哈顿世界下的消影点正交性约束。第二类方法基于期望最大化(EM)算法[166]:给定初始消影点,EM 算法通过不断地执行期望过程(即通过现有消影点对直线进行聚类)和最大化过程(利用期望过程聚类的直线重新计算消影点)来估计最终消影点。这种方法的缺点主要有两点:一是需要较好的初始化条件,EM 算法对初值比较敏感;二是算法本身需要数次迭代,因此计算量比较大。第三类方法基于暴力搜索的方式,搜索所有可能解。Rother[167] 利用暴力搜索的方式搜索所有满足消影点正交约束的解。但是,这种方法计算复杂度非常高,达到 $O(n^5)$,其中 $n$ 为直线的条数。Barin 等[159] 基于消影点正交性约束提出了一种搜索旋转空间的方法。虽然该方法相比 Rother 的方法计算复杂度有所降低,但依旧很高。第四类方法基于随机抽样一致性算法(RANSAC)框架。Tardif[158] 提出了一种基于 J-Linkage 非迭代式消影点检测算法。其中 J-Linkage 方法类似于 RANSAC 的多实例模型估计方法。Tardif 所提方法的缺点是没有很好地利用消影点正交性约束。Mirzaei 和 Roumeliotis[157] 针对以上问题,提出了一种基于 RANSAC 的鲁棒直线最优分类器。其假设建立过程直接利用正交性约束,取得了很好的性能。但是,由于其对空间直线方向表示的参数冗余,使得后续处理相当复杂,而且存在多个重复解。目前,解决该问题最好的方法是由张礼廉[161] 在 2012 年提出的,其与 Mirzaei 方法的主要差别在于空间直线方向的单参数化。由于表示的简洁性,使得求解效率大大增加,同时能够保证很高的求解精度。这里对张礼廉的方法做简要介绍。

对于曼哈顿世界的任意三线组,有三种可能的配置:①三根线互相正交;②两线平行并与另一根线正交;③三根线互相平行。由于最后一种配置只能求得一个消影点,而另外两个消影点有无穷多组解,因此这里只考虑前两种配置。

不失一般性，假设空间中三根线$L_1$、$L_2$、$L_3$，其方向分别为$\boldsymbol{V}_1$、$\boldsymbol{V}_2$、$\boldsymbol{V}_3$，其在像平面的投影分别为$\boldsymbol{l}_1$、$\boldsymbol{l}_2$、$\boldsymbol{l}_3$。假设三根直线在像平面的端点为$\boldsymbol{p}_{is}(x_{is},y_{is},1)$，$\boldsymbol{p}_{ie}(x_{ie},y_{ie},1)$。如图 5.4 所示，对于任意相机平面内直线$\boldsymbol{l}_i$，其反向投影构成一空间平面（反向投影平面），该直线所对应的空间直线$\boldsymbol{L}_i$ 必在此反向投影平面内。假设空间直线的两端点分别为 $P_{is}$和 $P_{ie}$，其对应的像点分别为$\boldsymbol{p}_{is}$和$\boldsymbol{p}_{ie}$。过点$\boldsymbol{p}_{is}$作平行于$L_i$ 只直线 $L_i'$交 $O_cP_{ie}$于点 $p_{ie}'(\lambda_i x_{ie},\lambda_i y_{ie},\lambda_i)$，则空间直线方向在相机坐标系下的表示可以参数化为[161]

$$\boldsymbol{V}_i^C=\begin{bmatrix} x_{is}-\boldsymbol{\lambda}_i x_{ie} \\ y_{is}-\boldsymbol{\lambda}_i y_{ie} \\ 1-\boldsymbol{\lambda}_i \end{bmatrix},\quad i=1,2,3 \tag{5.6}$$

其中 $\lambda_i$ 为直线方向的单参数化表示，其几何意义为点$\boldsymbol{p}_{ie}$和$\boldsymbol{p}_{is}$对应空间直线上点的景深比[161]，因为 $\mathrm{d}(P_{ie})/\mathrm{d}(P_{is})=\mathrm{d}(p_{ie}')/\mathrm{d}(p_{is})=\boldsymbol{\lambda}_i$。这里 $d(\cdot)$表示点的景深。下面分别对三根线的前两种空间配置情况进行分析。

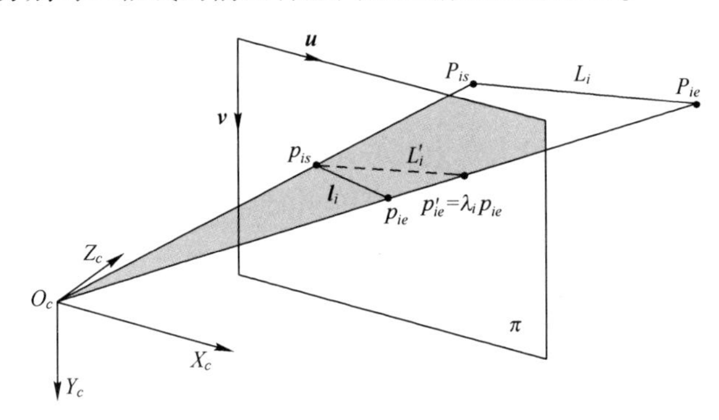


图 5.4 直线方向参数化示意图

配置 1：三根线相互正交：$\boldsymbol{V}_1\perp\boldsymbol{V}_2$，$\boldsymbol{V}_1\perp\boldsymbol{V}_3$，$\boldsymbol{V}_2\perp\boldsymbol{V}_3$。在相机系下此关系可表示如下：

$$\boldsymbol{V}_1^C\cdot\boldsymbol{V}_2^C=0,\ \boldsymbol{V}_1^C\cdot\boldsymbol{V}_3^C=0,\ \boldsymbol{V}_2^C\cdot\boldsymbol{V}_3^C=0 \tag{5.7}$$

将式(5.6)代入式(5.7)可得

$$\begin{cases}(x_{1s}-\boldsymbol{\lambda}_1x_{1e})(x_{2s}-\boldsymbol{\lambda}_2x_{2e})+(y_{1s}-\boldsymbol{\lambda}_1y_{1e})(y_{2s}-\boldsymbol{\lambda}_2y_{2e})+(1-\boldsymbol{\lambda}_1)(1-\boldsymbol{\lambda}_2)=0\\(x_{1s}-\boldsymbol{\lambda}_1x_{1e})(x_{3s}-\boldsymbol{\lambda}_3x_{3e})+(y_{1s}-\boldsymbol{\lambda}_1y_{1e})(y_{3s}-\boldsymbol{\lambda}_3y_{3e})+(1-\boldsymbol{\lambda}_1)(1-\boldsymbol{\lambda}_3)=0\\(x_{2s}-\boldsymbol{\lambda}_2x_{2e})(x_{3s}-\boldsymbol{\lambda}_3x_{3e})+(y_{2s}-\boldsymbol{\lambda}_2y_{2e})(y_{3s}-\boldsymbol{\lambda}_3y_{3e})+(1-\boldsymbol{\lambda}_3)(1-\boldsymbol{\lambda}_3)=0\end{cases} \tag{5.8}$$

化简后可得

$$\begin{cases}a_0+\lambda_1 a_1+\lambda_2 a_2+\lambda_1\lambda_2 a_3=0\\ b_0+\lambda_1 b_1+\lambda_3 b_2+\lambda_1\lambda_3 b_3=0\\ c_0+\lambda_2 c_1+\lambda_3 c_2+\lambda_2\lambda_3 c_3=0\end{cases}\tag{5.9}$$

其中 $a_j$、$b_j$ 和 $c_j$，$j=0,1,2,3$ 可以通过图像中的直线端点 $\boldsymbol{p}_{is}$ 和 $\boldsymbol{p}_{ie}$ 直接计算。式(5.9)消去 $\lambda_2$ 和 $\lambda_3$ 后可得到一个关于 $\lambda_1$ 的二次多项式：

$$w_2\lambda_1^2+w_1\lambda_1+w_0=0\tag{5.10}$$

式中 $w_1$、$w_2$ 和 $w_3$ 很容易从式(5.9)推得。由式(5.10)求得 $\lambda_1$ 后，$\lambda_2$ 和 $\lambda_3$ 可很容易通过式(5.9)求得。

确定 $\lambda_1$、$\lambda_2$ 和 $\lambda_3$ 后即可通过式(5.6)获得空间直线的方向，进而可通过式(5.3)求得消影点。这里为了方便起见，假设相机内参矩阵 $\boldsymbol{K}$ 为单位阵，则曼哈顿世界三个消影点方向可以表示为如下形式：

$$VP=[\overline{\boldsymbol{V}}_1^C\quad \overline{\boldsymbol{V}}_2^C\quad \overline{\boldsymbol{V}}_3^C]\tag{5.11}$$

式中：$\overline{\boldsymbol{V}}_i^C$ 为 $\boldsymbol{V}_i^C$ 的单位矢量形式。

配置2：两条直线平行，并且与第三条正交。不失一般性，另 $\boldsymbol{V}_1$ 平行于 $\boldsymbol{V}_2$，则有

$$\boldsymbol{V}_1^C\times\boldsymbol{V}_2^C=\boldsymbol{0}\tag{5.12}$$

将式(5.6)代入式(5.12)可推得

$$\begin{cases}(x_{1s}-\lambda_1 x_{1e})(1-\lambda_2)-(x_{2s}-\lambda_2 x_{2e})(1-\lambda_1)=0\\ (y_{1s}-\lambda_1 y_{1e})(1-\lambda_2)-(y_{2s}-\lambda_2 y_{2e})(1-\lambda_1)=0\\ (x_{1s}-\lambda_1 x_{1e})(y_{2s}-\lambda_2 y_{2e})-(x_{2s}-\lambda_2 x_{2e})(y_{1s}-\lambda_1 y_{1e})=0\end{cases}\tag{5.13}$$

式(5.13)中前两项消去 $\lambda_2$ 后同样可以获得一个关于 $\lambda_1$ 的二次多项式：

$$w_2'\lambda_1^2+w_1'\lambda_1+w_0'=0\tag{5.14}$$

由于 $\lambda_1=\lambda_2=1$ 是式(5.13)前两项的一个根，因此 $\lambda_1=1$ 必为式(5.14)的根。但是，通常情况下 $\lambda_1=\lambda_2=1$ 不满足式(5.13)的第三项。所以，$\lambda_1=1$ 是式(5.14)的一个平凡解，通常舍弃。如果 $\lambda_1=\lambda_2=1$ 满足式(5.13)的第三项，则表明 $\boldsymbol{V}_1$ 和 $\boldsymbol{V}_2$ 平行于图像平面，因此消影点在无穷远点。求得 $\lambda_1$ 后可通过约束 $\boldsymbol{V}_1^C\cdot\boldsymbol{V}_3^C=0$ 求得 $\lambda_3$，继而可求得 $\boldsymbol{V}_1$ 和 $\boldsymbol{V}_3$ 方向的两个消影点。再由正交性约束，可获得第三个消影点。最终消影点可表示成如下形式：

$$VP=[\overline{\boldsymbol{V}}_1^C\quad \overline{\boldsymbol{V}}_3^C\quad \overline{\boldsymbol{V}_1^C\times\boldsymbol{V}_3^C}]\tag{5.15}$$

为了精确地求得三个消影点，将以上分析的结果嵌入RANSAC框架，算法的流程如表5.1所列。具体参数的选取和计算细节可参考文献[117]。

表 5.1　基于 RANSAC 的消影点估计算法流程

| 算法 1:基于 RANSAC 的消影点估计算法 |
|---|
| **输入**:图像线特征集,最大迭代次数 $N_{max}$,内点阈值<br>**输出**:消影点估计,直线分类结果<br>$k=0$<br>当 $k<N_{max}$ 时执行:<br>Step 1　随机从图像特征集中抽取三条直线;<br>Step 2　利用抽取的三条线估计消影点;<br>Step 3　利用 Step2 中计算的消影点对直线进行分类,并统计内点数量;<br>Step 4　如果内点数量超过一定比例,结束,否则重新计算 $N_{max}$,<br>并且重新执行以上步骤;<br>$k=k+1$<br>结束<br>返回消影点估计 VP 以及所有内点直线分类结果 |

为了提高估计精度,以上基于 RANSAC 算法执行结束后需要对估计结果进一步求精。对于所有内点,利用高斯-牛顿迭代算法优化以下目标函数:

$$J_{VP} = \sum_{j=1}^{3} \sum_{i}^{\#C_j} \varepsilon_{ij}^2, \quad \text{s.t. } \| vp_j \| = 1,\ vp_j^{\mathrm{T}} \cdot vp_k = 0 (j \neq k) \tag{5.16}$$

式中:$\#C_j$ 为第 $C_j$ 类中直线的个数;$vp_j$、$vp_k$ 为第 $j$、$k$ 个消影点,要求其满足模为 1 且相互正交的约束;$\varepsilon_{ij}$ 为某种误差度量,常用的主要有如下两种。

误差度量方法一:由于空间中直线的消影点应该在直线反向投影平面上,因此该平面的法线与消影点正交。$\varepsilon_{1ij}$ 定义为直线反向投影平面法线 $\boldsymbol{n}_i^C$ 与消影点 $vp_j$ 的内积:

$$\varepsilon_{1ij} = \boldsymbol{n}_i^C vp_j \tag{5.17}$$

误差度量方法二:在图像平面上,直线的消影点应该落在直线在像平面的投影上。如图 5.5 所示,$\varepsilon_{2ij}$ 定义为投影直线某一端点 $p_i$ 到消影点 $vp_j$ 与投影直线中点 $m_i$ 连线的距离[158, 168]:

$$\varepsilon_{2ij} = d(p_i, \hat{l}_i) = d(p_i, vp_j \times m_i) \tag{5.18}$$

式中:$d(\boldsymbol{p}, \boldsymbol{l}) = \dfrac{|\boldsymbol{l}^{\mathrm{T}} \boldsymbol{p}|}{\sqrt{l_1^2 + l_1^2}}$ 为点到直线的距离函数;'×'为矢量的叉乘。

度量方法一常用于通用相机模型,但是其忽略了直线位置和长度的影响,使得任何长短、位置不一的共线直线都具有相同的误差。另外,在计算机视觉领域,更倾向于在图像空间进行误差度量[117,158],因此这里使用误差度量方法二进行计算。

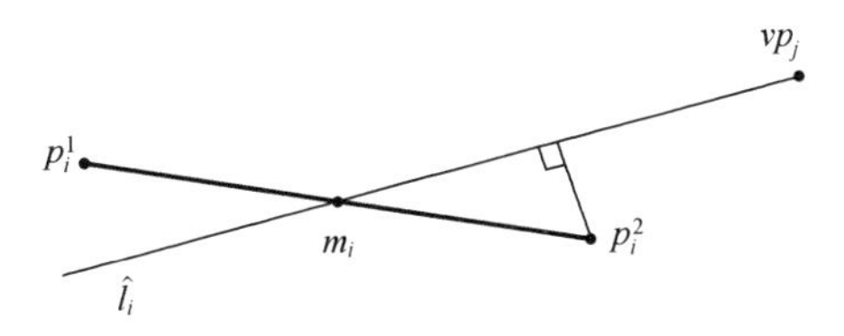


图 5.5　直线误差度量方法二示意图

### 5.2.3　基于惯导信息辅助的改进消影点估计算法

在实际使用中发现,上述算法在结构化环境下通常能够很好地估计结构化环境的主方向。但是,在某些不完全满足曼哈顿世界假设的环境下会经常出现估计错误的情况。例如图 5.6 所示场景中,由于倾斜展板的影响,算法错误的将展板方向估计为垂直主方向。这主要是由于倾斜方向的线比较多引起的。

图 5.6　RANSAC 算法消影点估计错误场景

为了增强算法在此类场景中的鲁棒性,本节提出利用惯导信息辅助消影点提取的算法。由于 MIMU 可以跟踪当地重力方向,而根据曼哈顿世界假设,三个消影点方向之一是与重力方向平行的。因此,在保持 5.2.2 节算法结构不变的前提下,可以在 RASAC 算法投票之前利用重力方向约束剔除不满足条件的假设。这样不仅可以避免垂直主方向估计不准的问题,也可以降低假设检验的次数,进而降低计算量。假设相机系与惯导坐标系重合,则相机系下重力方向

$\boldsymbol{g}^C$ 可通过加速度计测量得到。用 $vp_i$，$i=1,2,3$ 表示由假设生成的三个消影点，则可通过下式来判断该假设是否满足条件：

$$\min\left(\frac{\|\boldsymbol{g}^C\times vp_i\|}{\|\boldsymbol{g}^C\|}\right)<\Delta_a \tag{5.19}$$

式(5.19)的几何意义为某一方向消影点与重力方向的夹角小于某一阈值 $\Delta_a$，本书实现中选取 $\Delta_a=5°$。改进后的消影点估计算法如表 5.2 所列。

表 5.2　基于惯性信息辅助的改进消影点估计算法

| 算法 2:惯性信息辅助消影点估计算法 |
| --- |
| **输入**:图像线特征集,最大迭代次数 $N_{\max}$,内点阈值 |
| **输出**:消影点估计,直线分类结果 |
| $k=0$ |
| 当 $k<N_{\max}$ 时执行: |
| Step 1　随机从图像特征集中抽取三条直线; |
| Step 2　利用抽取的三条线估计消影点; |
| Step 3　利用式(5.19)判断此假设是否满足约束条件,若满足则继续执行 Step 4,若不满足则重新开始执行 Step 1; |
| Step 4　利用 Step3 中计算的消影点对直线进行分类,并统计内点数量; |
| Step 5　如果内点数量超过一定比例,结束,否则重新计算 $N_{\max}$,并且重新执行以上步骤; |
| $k=k+1$ |
| 结束 |
| 返回消影点估计 VP 以及所有内点直线分类结果 |

由于以上算法给出的垂直主方向实际上由惯导系统给出,因此后面将不用垂直消影点对惯导系统行修正。而给定垂直方向,两个相互垂直的水平消影点所包含的信息可以融入到一个消影点中。假设两个水平消影点所属的直线集合分别为 $\#C_1$、$\#C_2$,则可通过解如下最小二乘问题求得优化的水平消影点方向 $\boldsymbol{v}$:

$$\begin{aligned}&\text{minimize}\, f(\boldsymbol{v})=\sum_{i\in\#C_1}(\boldsymbol{v}\cdot\boldsymbol{l}_i)^2+\sum_{j\in\#C_2}((\boldsymbol{v}\times\boldsymbol{g}^C)\cdot\boldsymbol{l}_j)^2\\&\text{subject to}\ \|\boldsymbol{v}\|=1\end{aligned} \tag{5.20}$$

式中:$\boldsymbol{v}$ 为优化后的消影点;$\boldsymbol{g}^C$ 为相机系下的重力方向;$\boldsymbol{l}_i$、$\boldsymbol{l}_j$ 为直线的法线方向。

为了求解式(5.20),可将其重写为如下形式:

$$f(\boldsymbol{v})=\boldsymbol{v}^{\mathrm{T}}\left(\sum_i\boldsymbol{l}_i\boldsymbol{l}_i^{\mathrm{T}}\right)\boldsymbol{v}-\lambda\,\boldsymbol{v}^{\mathrm{T}}\boldsymbol{v}+(\boldsymbol{v}\times\boldsymbol{g}^C)^{\mathrm{T}}\left(\sum_j\boldsymbol{l}_j\boldsymbol{l}_j^{\mathrm{T}}\right)(\boldsymbol{v}\times\boldsymbol{g}^C) \tag{5.21}$$

式中:$\lambda$ 为拉格朗日乘子。

对式(5.21)求导得

$$\frac{\partial f}{\partial \boldsymbol{v}}=\left(\sum_i \boldsymbol{l}_i \boldsymbol{l}_i^{\mathrm{T}}\right)\boldsymbol{v}-\lambda \boldsymbol{v}+(\boldsymbol{g}^C \times)^{\mathrm{T}}\left(\sum_j \boldsymbol{l}_j \boldsymbol{l}_j^{\mathrm{T}}\right)(\boldsymbol{g}^C \times)\boldsymbol{v}=0 \tag{5.22}$$

$$\lambda \boldsymbol{v}=\left[\left(\sum_i \boldsymbol{l}_i \boldsymbol{l}_i^{\mathrm{T}}\right)+(\boldsymbol{g}^C \times)^{\mathrm{T}}\left(\sum_j \boldsymbol{l}_j \boldsymbol{l}_j^{\mathrm{T}}\right)(\boldsymbol{g}^C \times)\right]\boldsymbol{v} \tag{5.23}$$

式中:$(\cdot\times)$为矢量的叉乘矩阵。可以看到,式(5.23)是一个形如$\boldsymbol{Ax}=\lambda\boldsymbol{x}$的特征值问题,很容易通过数值算法求解。为提高精度,在具体实现过程中利用直线长度信息对最小二乘项进行加权。

## 5.3　基于消影点辅助的惯性/立体视觉组合导航算法

本章给出滤波算法的基本结构与4.4节相似,不同之处在于增加了消影点测量方程。以下将推导消影点测量方程及相应的线性化方程,并对消影点测量噪声模型进行建模。

### 5.3.1　消影点测量方程

根据坐标系定义,曼哈顿世界的两个水平主方向可描述成如下形式:

$$\boldsymbol{v}_1^W=\begin{bmatrix}1\\0\\0\end{bmatrix},\ \boldsymbol{v}_2^W=\begin{bmatrix}0\\1\\0\end{bmatrix} \tag{5.24}$$

实际中,5.2.3节提出的消影点估计算法给出了某个水平主方向在图像平面的投影。根据坐标旋转关系,有如下等式成立:

$$\boldsymbol{z}_v=\boldsymbol{\Pi}\boldsymbol{R}_{CI}\boldsymbol{R}_{WI}^{\mathrm{T}}\boldsymbol{v}^W+\boldsymbol{\eta} \tag{5.25}$$

其中$\boldsymbol{\Pi}$表示一个使如下等式成立的投影矩阵

$$\boldsymbol{z}_v=\boldsymbol{\Pi}\boldsymbol{v}^C+\boldsymbol{\eta},\ \boldsymbol{\Pi}=\begin{bmatrix}1&0&0\\0&1&0\end{bmatrix} \tag{5.26}$$

$$\boldsymbol{v}^C=\frac{1}{\sqrt{u^2+v^2+1}}\begin{bmatrix}u\\v\\1\end{bmatrix}+\boldsymbol{\eta} \tag{5.27}$$

式中:$\boldsymbol{v}^C$为曼哈顿世界主方向在相机系下的投影;$u$和$v$为消影点在图像平面中的坐标。

### 5.3.2　消影点测量方程线性化

下面对测量方程式(5.25)进行线性化。为了表述方便,假设$\boldsymbol{R}_{CI}$为单位阵。

真实的消影点测量可表示为

$$\boldsymbol{z}_v=\boldsymbol{\Pi}\boldsymbol{R}^{\mathrm{T}}(\hat{\bar{q}}_{WI}\otimes\delta\bar{q})\boldsymbol{v}^W+\boldsymbol{\eta} \tag{5.28}$$

其中 $\delta\bar{q}=\begin{bmatrix}1 & \frac{1}{2}(\delta\boldsymbol{\theta}^I)^{\mathrm{T}}\end{bmatrix}^{\mathrm{T}}$ 为误差四元数，由式(4.20)定义。

根据旋转矢量与姿态矩阵及四元数的关系可得

$$\boldsymbol{R}(\hat{\bar{q}}_{WI}\otimes\delta\bar{q})=\boldsymbol{R}(\hat{\bar{q}}_{WI})\boldsymbol{R}(\delta\bar{q})=\boldsymbol{R}(\hat{\bar{q}}_{WI})[\boldsymbol{I}_3+(\delta\boldsymbol{\theta}^I\times)] \tag{5.29}$$

估计的消影点测量可以表示为

$$\tilde{\boldsymbol{z}}_v=\boldsymbol{\Pi}\boldsymbol{R}^{\mathrm{T}}(\hat{\bar{q}}_{WI})\boldsymbol{v}^W \tag{5.30}$$

消影点测量误差可表示为

$$\Delta\boldsymbol{z}_v=\boldsymbol{z}_v-\tilde{\boldsymbol{z}}_v \tag{5.31}$$

将式(5.28)~式(5.30)代入式(5.31)并化简可得

$$\Delta\boldsymbol{z}_v=-\boldsymbol{\Pi}(\boldsymbol{R}^{\mathrm{T}}(\hat{\bar{q}}_{WI})\boldsymbol{v}^W)\times\delta\boldsymbol{\theta}^I+\boldsymbol{\eta} \tag{5.32}$$

最终线性化测量方程可表示为

$$\delta\boldsymbol{z}_v=\boldsymbol{H}_v\delta\boldsymbol{x}+\boldsymbol{\eta}_v \tag{5.33}$$

其中$\boldsymbol{H}_v$ 可表示为如下形式：

$$\boldsymbol{H}_v=[\boldsymbol{0}_{2\times3} \quad -\boldsymbol{\Pi}(\boldsymbol{R}^{\mathrm{T}}(\hat{\bar{q}}_{WI})\boldsymbol{v}^W)\times \quad \boldsymbol{0}_{2\times15}] \tag{5.34}$$

### 5.3.3 消影点观测噪声模型

假设消影点在图像上的测量可表示成如下形式：

$$\begin{bmatrix}u_m\\v_m\end{bmatrix}=\begin{bmatrix}u\\v\end{bmatrix}+\boldsymbol{n}_{u,v} \tag{5.35}$$

式中：$\boldsymbol{n}_{u,v}=[\eta_u,\eta_v]^{\mathrm{T}}$ 为消影点测量噪声，假设为零均值高斯白噪声。

下面继续推导观测噪声模型，由式(5.26)、式(5.27)可推得如下近似关系：

$$\boldsymbol{z}_v=\frac{1}{\sqrt{u_m^2+v_m^2+1}}\begin{bmatrix}u_m\\v_m\\1\end{bmatrix}\simeq\frac{1}{\sqrt{u^2+v^2+1}}\begin{bmatrix}u\\v\end{bmatrix}+\boldsymbol{\Gamma}_{u,v}\cdot\boldsymbol{n}_{u,v} \tag{5.36}$$

其中

$$\boldsymbol{\Gamma}_{u,v}=\frac{1}{(u^2+v^2+1)^{3/2}}\begin{bmatrix}(v^2+1) & -uv\\-uv & (u^2+1)\end{bmatrix}$$

求得以上线性化测量模型和观测噪声模型后，则可通过标准卡尔曼滤波流程进行量测更新。该更新过程与第4章所示的点、线特征更新过程同步进行。在状态更新之前同样利用卡方检验剔除野值的影响。

### 5.3.4　姿态矩阵初始化方法

由于微惯导的初始对准过程只能给出水平角的估计，这里给出利用消影点信息初始化航向角的方法。在相机系下的重力方向$\boldsymbol{g}^C$可通过加表测量及惯导/相机标定参数求得，世界系的水平主方向在相机系下投影即为估计的水平消影点$\boldsymbol{v}^C$。而根据曼哈顿世界假设，世界系下的水平主方向和重力方向为已知量，因此很容易求得相机系与世界系间的姿态矩阵$\boldsymbol{R}_{WC}$，进而求得惯导坐标系与世界系的初始姿态关系$\boldsymbol{R}_{WI}$。

## 5.4　实验验证与分析

### 5.4.1　实验一：实验室环境

本节利用图4.11所示实验设备采集室内不同环境下的实验数据，并对所提算法进行了评估与分析。实验一在国防科学技术大学机电工程与自动化学院新主楼一楼某实验室内进行。其轨迹为沿近似矩形区域逆时针转2圈，最后回到出发点附近，总路程约为100m，时间约为3min。手推车的轨迹如图5.7所示，其中起点用方框标识。

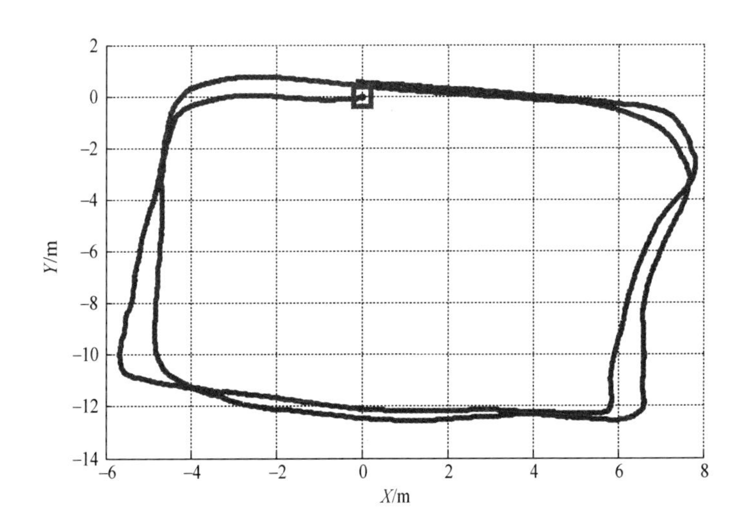


图5.7　实验一实验轨迹

图5.8给出了轨迹中不同位置利用张礼廉[161]（简称“Zhang”算法）提出算法的消影点估计结果。可以看到，在满足曼哈顿世界假设条件下，Zhang算法能够准确估计环境的主方向信息，利用此信息即可估计摄像机相对于实验环境的姿态。

图5.8　实验一消影点估计示例

图5.9给出了整个运行过程中单独利用Zhang算法给出的姿态角估计结果与微惯导系统解算姿态的对比结果，图5.10给出了两者之间的差值。由图可见，Zhang算法分别在43~50s、128~133s产生了较大的姿态角估计误差，俯仰角的误差达到20°左右。主要原因是此两时段经过的位置不满足曼哈顿世界假设，如图5.6所示。

图5.11给出了利用本章所提出的消影点估计算法得到的姿态角对比结果。由于水平角与微惯导提供的水平角近似，这里只给出了航向角的差值。可见，本书所提改进消影点估计算法的精度与Zhang算法大致相同，但是降低了估计错误率。此外，本书算法平均每帧图片处理时间约为17.5ms，相比Zhang算法的21.6ms节约20%。由于在此实验环境中很多位置直线特征比较少或水平直线方向分布不规则，因此整体消影点姿态估计精度不高。

为了体现消影点姿态估计相对于磁罗盘的优势，图5.12给出了实验过程中磁场测量值经罗差校正后的水平方向投影图。理想情况下该图形应该为圆形，而由于磁干扰的存在，磁测量产生了不同程度的扭曲，不能准确估计载体航向。

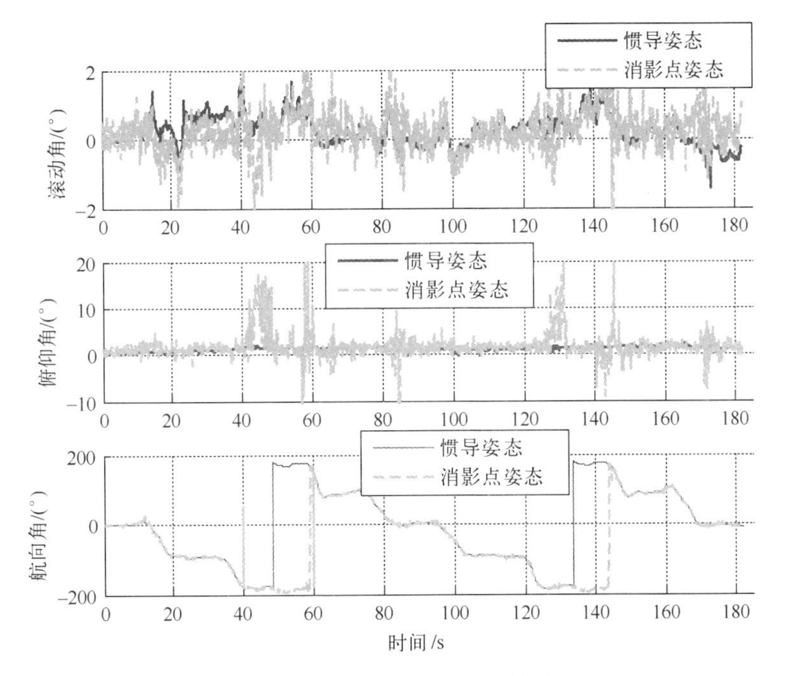


图5.9 实验一姿态角对比结果

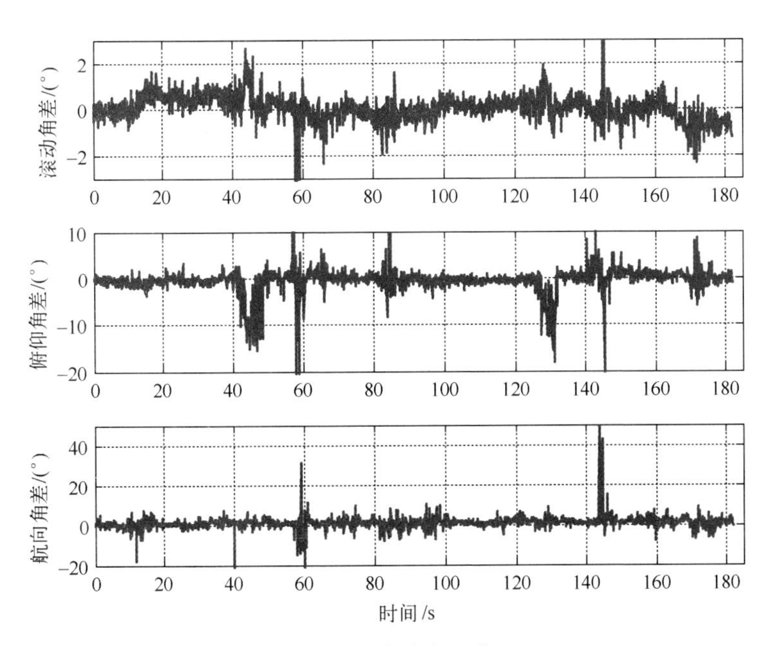


图5.10 姿态角差值

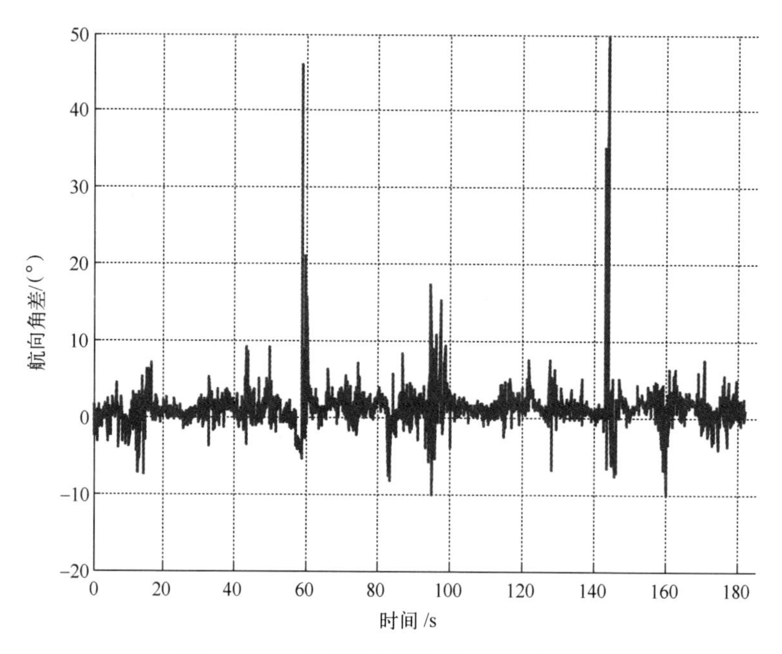


图 5.11　本书消影点估计算法航向角误差

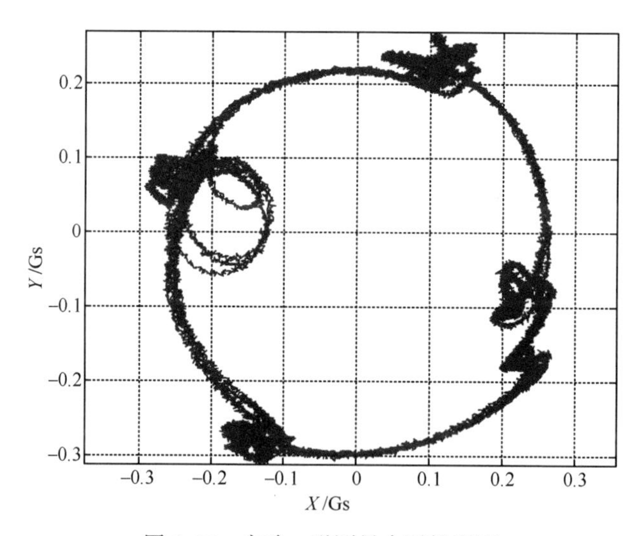


图 5.12　实验一磁测量水平投影图

最后,图 5.13 给出了使用或不使用消影点信息得到的轨迹估计结果。由于实验过程比较短且消影点姿态估计精度不高,因此两者的轨迹估计结果比较相近。

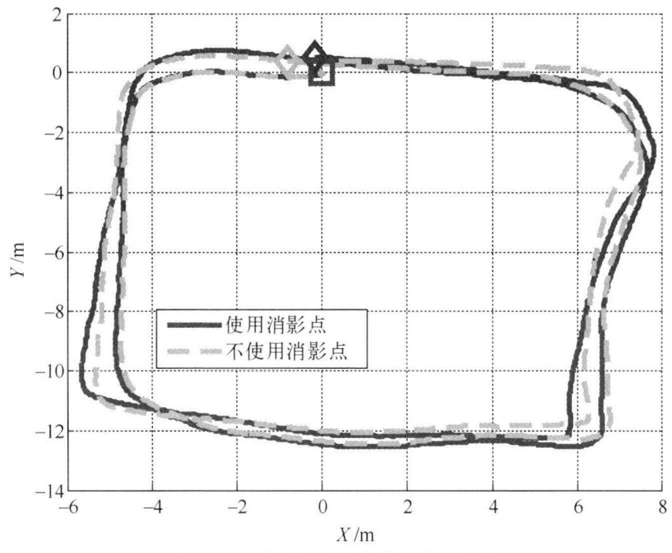


图 5.13　实验一轨迹估计结果对比

## 5.4.2　实验二:室内走廊环境

第二组实验在国防科学技术大学机电工程与自动化学院新主楼二楼走廊内进行,其行驶路线如图 5.14 所示,行驶圈数为 3 圈,最后回到出发点附近,轨迹总长度约 500m,时间约 14min。

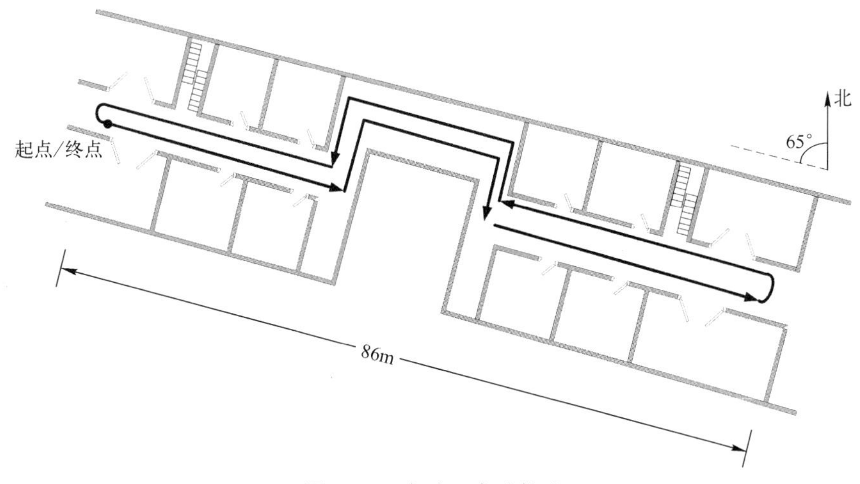


图 5.14　实验二实验轨迹

图 5.15 给出了轨迹中不同位置的消影点估计结果。图 5.16 给出了分别用消影点和微惯导计算的航向角对比结果。由于在走廊环境中,大多数区域都

满足曼哈顿世界假设,因此消影点估计算法能够给出准确的姿态角估计结果。但是,在走廊尽头转弯过程中由于没有足够的直线特征,故估计误差较大。图中还可以看到,微惯导解算的航向角有明显的发散趋势。图 5.17 给出了罗差校正后的磁场测量水平方向投影图。可见,在实验所在的走廊环境磁干扰比实验一的实验室环境内更强,很难给出可靠的磁航向估计。

图 5.15 实验二消影点估计示例

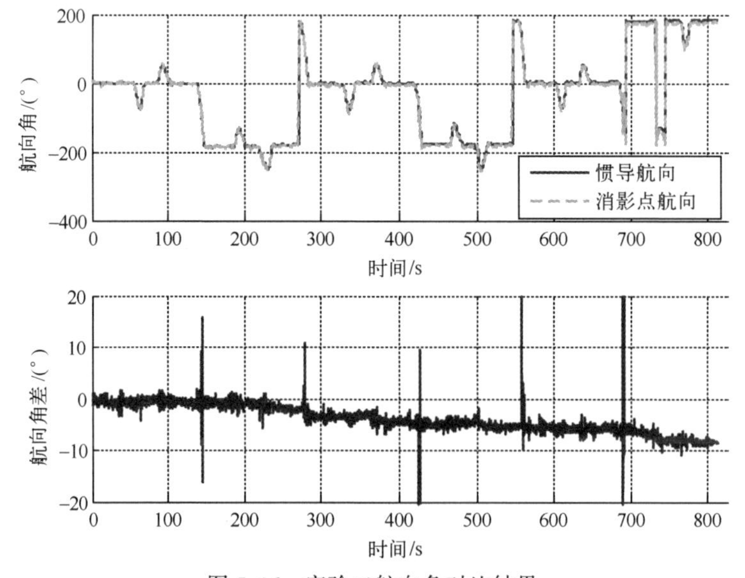


图 5.16 实验二航向角对比结果

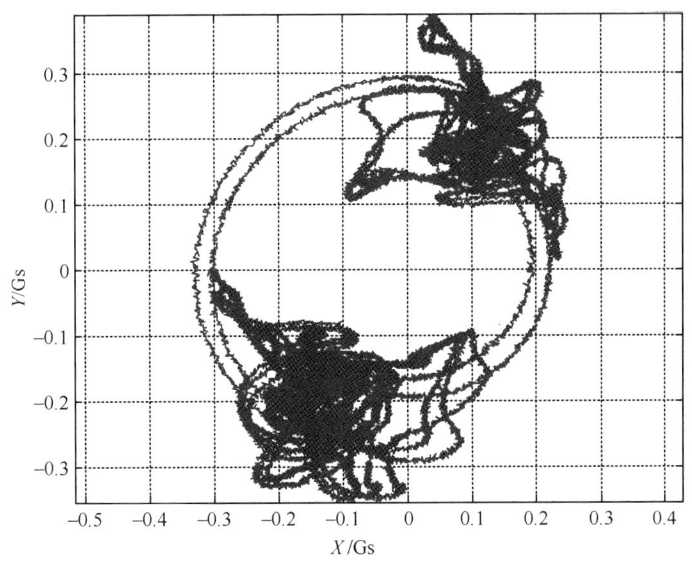


图 5.17　实验二磁测量水平投影图

图 5.18 对比了使用和不使用消影点测量得到的轨迹估计结果。其中，方框为轨迹的起点。从图中可以看到：使用消影点测量得到的轨迹与大概轨迹更加符合。

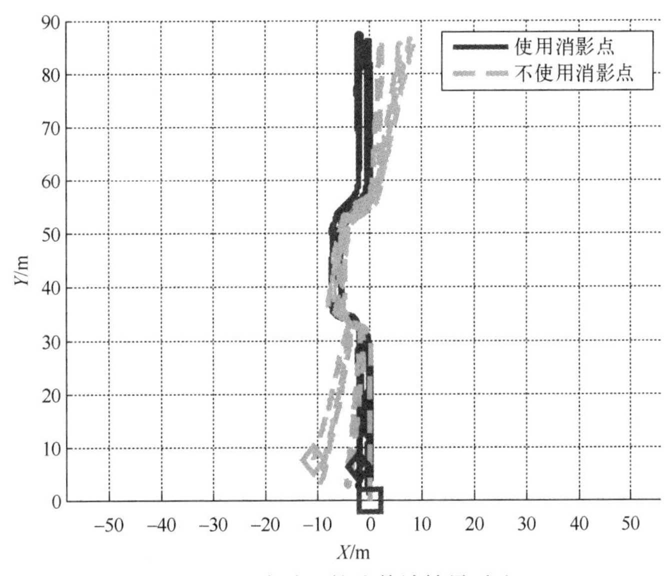


图 5.18　实验二轨迹估计结果对比

最后，图 5.19 对比了使用和不使用消影点测量信息的导航位置误差结果，位置误差评估点为如图 5.14 中实验轨迹起点、终点及各拐角点。位置误差统计结果如表5.3所列。由表中可见,使用消影点测量后位置RMSE为1.93。考虑到估计总长度约为500m,因此定位误差约为4‰,相比不使用消影点测量提高了大约50%。可以预见,在更长时间、更长距离的情况下,使用消影点测量将会给导航精度带来更大的提高。

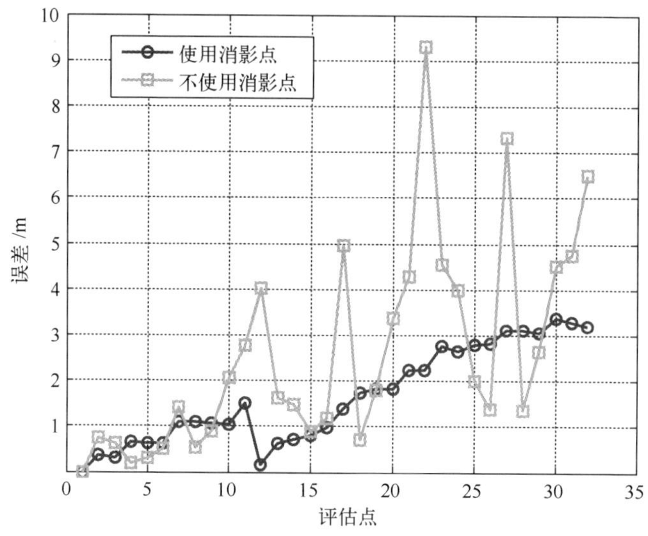


图5.19 控制点位置误差对比

表5.3 实验二位置误差统计

| 算　法 | RMSE/m | 最大值/m | 终点误差/m |
|---|---|---|---|
| 使用消影点 | 1.93 | 3.4 | 2.5 |
| 不使用消影点 | 3.4 | 9.3 | 6.5 |

## 5.5 本章小结

本章提出了一种基于多视图几何及消影点辅助的惯性/立体视觉组合导航方法。介绍了消影点的几何、代数意义;针对现有消影点估计算法的不足,提出了基于惯性信息辅助的改进消影点估计算法;推导了消影点测量方程及其线性化方程,并推导了消影点观测噪声模型。最后,在不同环境下开展了算法的实验验证和分析。实验结果表明,消影点测量能够大幅度提高组合导航精度。在500m的室内实验中,位置均方根误差优于2m,相比不使用消影点信息辅助的位置精度提高了50%。可以预期,在更长时间和更长距离的室内实验中,使用消影点辅助将会体现出更大的优势。

# 第6章　基于偏振光罗盘辅助的惯性/立体视觉里程计组合导航方法

## 6.1 引　言

室外环境很难满足第5章讨论的曼哈顿世界假设。因此,必须寻求其他航向辅助手段来降低航向误差积累的影响。通常使用的航向辅助手段是磁罗盘[26,40]。但是,磁强计非常容易受到磁性物质或铁磁材料引起的磁扰动的干扰,使得估计的航向角误差比较大,甚至根本不可用。为了提高导航的精度,必须探索其他航向辅助手段。向大自然学习是个明智的选择。生物学家已经发现,许多动物使用天空偏振模式来实现方向感知。例如:候鸟迁徙时利用天空偏振模式来标定体内磁罗盘[92];而蜜蜂在巢穴与觅食区域导航过程中也利用天空偏振光作为方向参考[93]。受以上研究启发,许多研究者开发了用于检测天空偏振光的仿生传感器[94,95,169]。

本章研究利用实验室自研的偏振光罗盘来提高惯性/立体视觉里程计组合导航精度的方法。其系统组成以及基本结构如图6.1所示。系统组成包括一个MIMU、一个立体相机和一个偏振光罗盘。MIMU测量通过惯性导航算法输出导航解,偏振光罗盘可以输出测量的偏振角,立体相机可以通过视觉里程计算法输出连续立体帧间的相对位姿。以上的所有信息通过扩展卡尔曼滤波融合后输出最终导航解以及估计的惯性传感器零偏。

后续章节组织如下:6.2节介绍偏振光罗盘模型;6.3节介绍立体视觉里程计模型;6.4节给出滤波算法;6.5节给出实验结果;6.6节对本章做出小结。

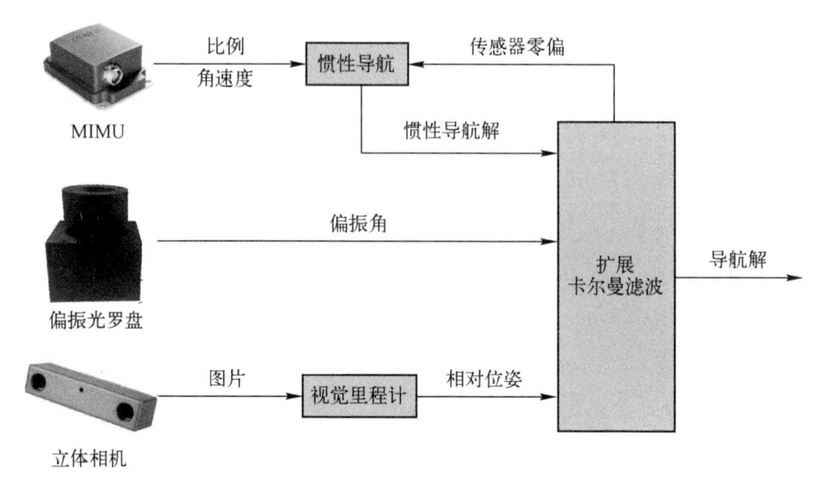


图 6.1 系统组成及基本结构

## 6.2 偏振光罗盘模型

### 6.2.1 偏振光与大气偏振模式

根据光的波动理论,光是一种电磁波,而电磁波是横波,即振动方向与光的传播方向垂直[170]。对于横波来说,振动方向关于传播方向的不对称现象称为偏振。通常,光源发出的光波在统计意义上在各个方向振动的机会是均等的,其电矢量 $\boldsymbol{E}$ 以及磁矢量 $\boldsymbol{H}$ 相对传播方向具有轴对称性、各个方向的振幅相同,称为自然光。同样,太阳光在未进入大气层前也是自然光。但是当其进入大气层后,由于大气中的分子、气溶胶等粒子的散射作用,使得光产生了不同程度的偏振。经粒子散射后的自然光可能包含自然光、部分偏振光以及完全偏振光(包括线偏振光、圆偏振光等)等。描述偏振光的两个重要参数是偏振度和偏振角。偏振度是描述光波偏振程度的参数,偏振角是描述光波电振动方向($\boldsymbol{E}$ 矢量方向)的参数[171]。

在理想大气条件下(晴朗蓝天),大气对阳光的作用主要来自大气分子,而大气分子的分布又是相对稳定的,因此大气偏振态的分布模式也是相对稳定的。这种稳定的偏振模式可以用一阶瑞利散射模型(Rayleigh Scattering Model)很好地近似[172]。王玉杰等[173]开发设备验证了实际观测到的天空偏振模式与理论分析能够很好地吻合。如图 6.2 所示,天空中偏振光的电矢量 $\boldsymbol{E}$(图中双箭头)的分布模式为一簇以太阳为圆心的同心圆。同时,电矢量 $\boldsymbol{E}$ 的分布对称于过天顶的太阳子午线和反太阳子午线。其偏振度随着散射角(入射光方向与观测方向的夹角)而逐渐增加,并且当散射角接近 90°时最大,其最大偏振度约为 0.75[174]。对于同一个同心圆上的点来说,其偏振度大小相等,但方向各不相同。由于 ***E*** 矢量是圆的切线,因此天空中任何一点的 ***E*** 矢量方向都垂直于太阳、观测者和散射点这三点所在的平面[172]。根据已知的观测方向和观测到的 ***E*** 矢量方向,即可确定偏振光传感器所在载体坐标系下的太阳矢量方向。再结合太阳的星历信息,就可以获取载体的航向信息。

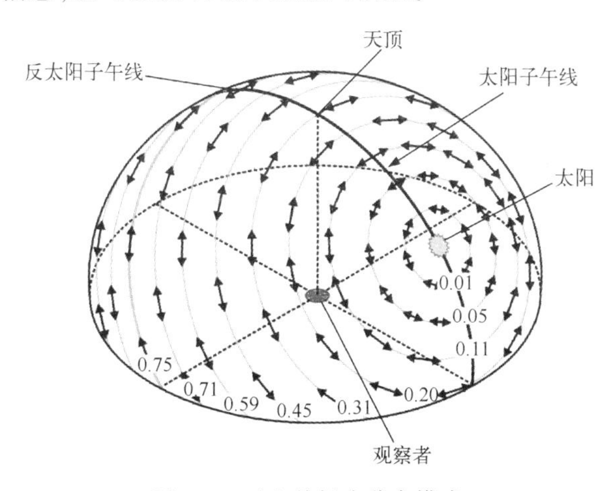


图 6.2　天空偏振光分布模式

实际大气偏振模式与理想模型有所差异。由于受到云层、气流等随机条件的影响,局部的大气偏振分布常常会发生改变。但是,实际的偏振模式分布与由瑞利散射模型推得的大气偏振模式相似,且变化规律相同。在对偏振光特性进行大量、仔细且全面的研究之后,仍然可以利用偏振光导航的传感器,检测、处理偏振光信息,以供导航定向之用。

## 6.2.2　仿生偏振角测量

虽然人类无法感知大气中的偏振光,但许多昆虫却可以通过对天空偏振光 ***E*** 矢量方向的感知来定向。瑞士苏黎世大学神经生物学家 Wehner 研究发现有一种沙漠蚂蚁可以利用其复眼中的特殊神经系统感知紫外偏振光的偏振方向,并通过此信息完成从觅食区域到巢穴的导航过程[175]。生物学研究成果表明,蜜蜂、蟋蟀、蝗虫等也都具有类似的偏振光感知系统[176,177]。

2000 年,瑞士苏黎世大学的 Lmbrinos 等[94]模仿沙蚁复眼的偏振光感知结构设计并研制了用于天空偏振角测量的原理样机,并将其应用到机器人 Sahabot

的自主导航上,取得了很好的实验效果。文中作者模仿 Labhart[176] 建立的偏振敏感神经元模型,利用三个与体轴成 0°、60°和 120°安装的所谓偏振对立神经单元(Polarization-opponent units,POL-OP)测量载体主轴与太阳子午线的夹角,为机器人导航提供航向信息。如图 6.3 所示,POL-OP 模仿昆虫的偏振敏感神经元设计,由偏振片、光电二级管和位于顶部滤光片组成。其中两个偏振片的偏振方向互相垂直,形成两路相互正交的偏振光感知通路。由光电二极管输出的电流信号经对数比率放大器后转换成电压信号。

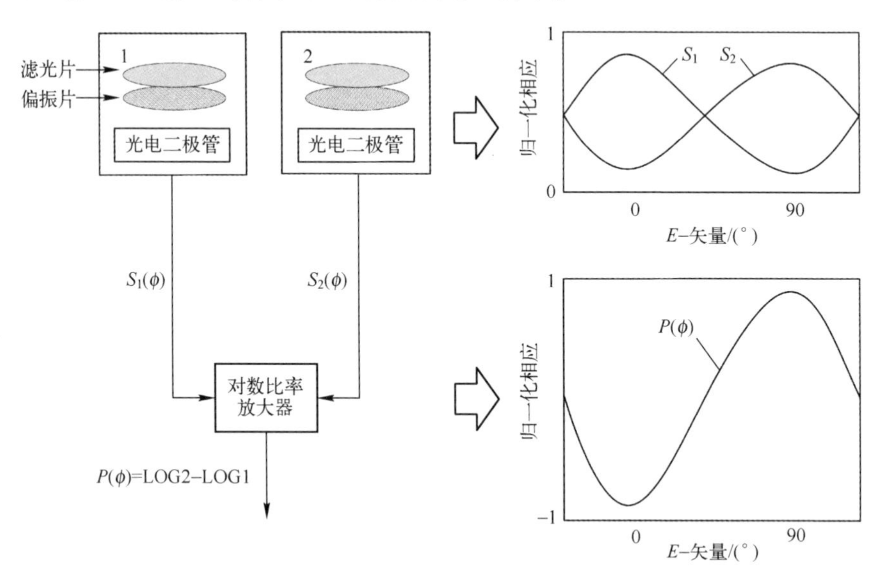


图 6.3 偏振对立单元结构以及响应示意图

根据以上对单个偏振对立单元的描述,当光强为 $I$、偏振方位角为 $\varphi$ 的偏振光通过单个偏振对立单元的一个偏振光检测通道的线性偏振片之后,输出的光强可用下式描述:

$$S(\phi)=KI(1+d\cos(2\varphi-2\varphi_{\max})) \tag{6.1}$$

式中:$K$ 为光电二级管的感光系数;$I$ 为总光强;$d$ 为偏振度;$\varphi$ 为偏振化方向角(偏振传感单元参考方向与偏振光 $E$ 矢量的夹角);$\varphi_{\max}$ 为使 $S(\varphi)$ 最大的 $\varphi$ 值。以一个偏振传感单元的偏振片的检偏方向为参考 0°,则此处偏振化方向角 $\varphi$ 定义为偏振光的偏振方向与参考 0°偏振片的夹角,以下简称偏振角 $\varphi$。单个偏振传感单元经过对数放大器输出后得到的结果为

$$P_1(\varphi)=\log\left(\frac{S_1(\varphi)}{S_2(\varphi)}\right)=\log\left(\frac{1+d\cos(2\varphi)}{1-d\cos(2\varphi)}\right) \tag{6.2}$$

第二组检测单元的输出可表示为

$$P_2(\varphi)=\log\left(\frac{1+d\cos\left(2\varphi-\frac{2\pi}{3}\right)}{1-d\cos\left(2\varphi-\frac{2\pi}{3}\right)}\right) \tag{6.3}$$

第三组检测单元的输出可表示为

$$P_3(\varphi)=\log\left(\frac{1+d\cos\left(2\varphi-\frac{4\pi}{3}\right)}{1-d\cos\left(2\varphi-\frac{4\pi}{3}\right)}\right) \tag{6.4}$$

联立式(6.2)~式(6.4)则可通过最小二乘求出偏振角 $\varphi$ 以及偏振度 $d$,具体细节请参考文献[169]。

### 6.2.3　偏振光罗盘定向方法

为了分析方便,首先给出相关的坐标系定义:

(1) 地球坐标系($E$-系):原点位于地球中心的地球固定正交参考系。

(2) 世界坐标系($W$-系):原点位于载体所处位置,坐标轴分别指向北、东和当地垂线方向。

(3) MIMU 坐标($I$-系):与第 2 章定义的惯导坐标系相同。

(4) 相机坐标系($C$-系):以相机投影中心为原点,$\boldsymbol{Z}_C$ 轴平行于光轴并指向相机前方,$\boldsymbol{X}_C$ 轴与图像平面的 $\boldsymbol{X}$ 轴平行。

(5) 偏振光罗盘坐标系($M$-系):原点与体坐标系重合,$\boldsymbol{X}_M$ 为偏振光传感器的参考方向,假设与的 $\boldsymbol{X}_I$ 轴重合,$\boldsymbol{Z}_M$ 为偏振光传感器观测方向,这里假设与体系的 $\boldsymbol{Z}_I$ 轴方向相反。

图 6.4 给出了相关坐标系的示意图。

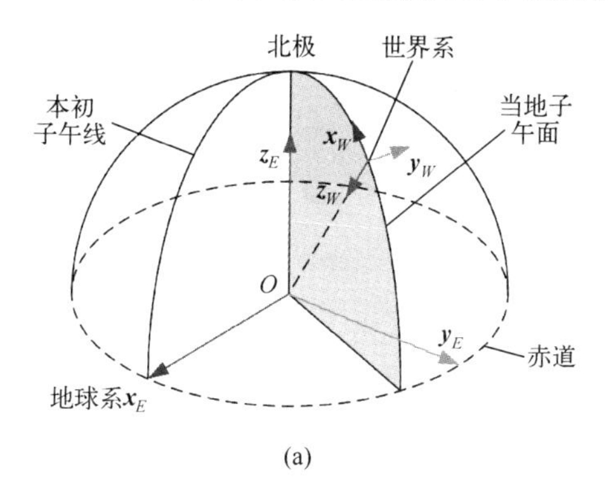


(a)

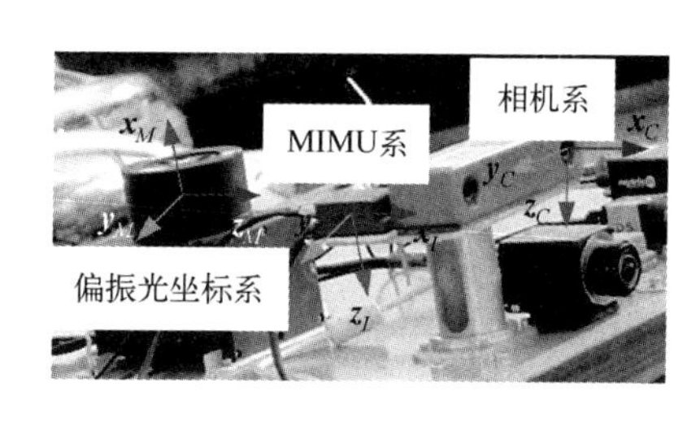


(b)

图 6.4　相关坐标系

由以上定义可知

$$\boldsymbol{R}_{MI}=\begin{bmatrix}1 & 0 & 0\\ 0 & -1 & 0\\ 0 & 0 & -1\end{bmatrix} \tag{6.5}$$

根据偏振光传感器输出的偏振角 $\varphi$ 可以得到入射光电矢量 $\boldsymbol{E}$ 在 $\{M\}$ 系中的表示为

$$\boldsymbol{a}_e^M=[\cos\varphi \quad \sin\varphi \quad 0]^{\mathrm{T}} \text{或} \ \boldsymbol{a}_e^M=[\cos(\varphi+\pi) \quad \sin(\varphi+\pi) \quad 0]^{\mathrm{T}} \tag{6.6}$$

根据 6.2.1 节讨论可知，偏振光的 $\boldsymbol{E}$ 矢量方向应垂直于包含观测点、观测方向 $\boldsymbol{a}_d$ 及太阳 $S$ 的平面，此关系可由图 6.5 表示。由此可得以下关系式：

$$\boldsymbol{a}_e^M=l\boldsymbol{a}_d^M\times\boldsymbol{a}_s^M \tag{6.7}$$

式中：$l$ 为使等式两边保持相等的常数；$\boldsymbol{a}_d^M=[0 \quad 0 \quad 1]^{\mathrm{T}}$ 为观测方向 $\boldsymbol{a}_d$ 在 $\{M\}$ 下的表示；$\boldsymbol{a}_s^M$ 为从观测点到太阳的单位矢量，可以表示为如下形式：

$$\boldsymbol{a}_s^M=\boldsymbol{R}_{MI}\boldsymbol{R}_{IW}\boldsymbol{a}_s^n \tag{6.8}$$

其中 $\boldsymbol{a}_s^W$ 为太阳矢量在世界系下的表示，可以通过图中所示太阳高度角 $e_s$ 和太阳方位角 $\gamma_s$ 表示如下：

$$\boldsymbol{a}_s^M=[\cos e_s\cos\gamma_s \quad -\cos e_s\sin\gamma_s \quad -\sin e_s]^{\mathrm{T}}\triangleq[a_1 \quad a_2 \quad a_3]^{\mathrm{T}} \tag{6.9}$$

而太阳高度角和太阳方位角可以通过太阳的星历计算[178]。

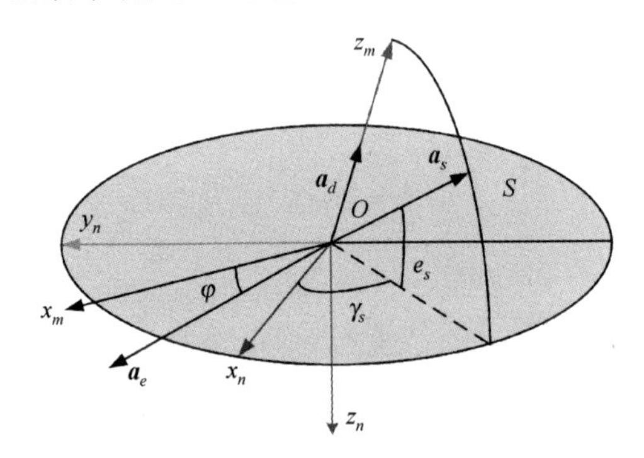


图 6.5 偏振光罗盘定向原理图

将式(6.6)~式(6.9)代入式(6.7)可得如下关系式：

$$\boldsymbol{a}_e^M=\begin{bmatrix}\cos\varphi\\ \sin\varphi\\ 0\end{bmatrix}=l\boldsymbol{a}_d^M\times(\boldsymbol{R}_{MI}\boldsymbol{R}_{IW}\boldsymbol{a}_s^W)$$

$$
=l\begin{bmatrix}0 & -1 & 0\\1 & 0 & 0\\0 & 0 & 0\end{bmatrix}\begin{bmatrix}1 & 0 & 0\\0 & -1 & 0\\0 & 0 & -1\end{bmatrix}\begin{bmatrix}R_{11} & R_{21} & R_{31}\\R_{12} & R_{22} & R_{32}\\R_{13} & R_{23} & R_{33}\end{bmatrix}\begin{bmatrix}a_1\\a_2\\a_3\end{bmatrix}
$$

$$
=l\begin{bmatrix}R_{12}a_1+R_{22}a_2+R_{32}a_3\\R_{11}a_1+R_{21}a_2+R_{31}a_3\\0\end{bmatrix} \tag{6.10}
$$

式中：$R_{\times\times}$为方向余弦矩阵$\boldsymbol{R}_{WI}$的元素。消去$l$可得

$$
\varphi=\begin{cases}\operatorname{atan}\left(\dfrac{R_{11}a_1+R_{21}a_2+R_{31}a_3}{R_{12}a_1+R_{22}a_2+R_{32}a_3}\right),\ 0\leqslant|\sin\varphi|<\dfrac{\sqrt{2}}{2}\\ \operatorname{acot}\left(\dfrac{R_{12}a_1+R_{22}a_2+R_{32}a_3}{R_{11}a_1+R_{21}a_2+R_{31}a_3}\right),\ 0\leqslant|\cos\varphi|<\dfrac{\sqrt{2}}{2}\end{cases} \tag{6.11}
$$

由式(6.11)可见，偏振角$\varphi$中包含了航向的测量信息。实际上，如果姿态矩阵$\boldsymbol{R}_{WI}$用欧拉角元素表示，并且已知两个水平角，则可以通过三角函数来计算出用偏振角$\varphi$表示的航向角[179]。

## 6.3 立体视觉里程计模型

视觉里程计（VO）是仅利用安装在载体上的单个或多个相机的输入信息增量估计载体位置和姿态信息的过程[24]。它与轮式里程计类似，但是具有更高的精度，且不受车轮打滑和路面不平的影响。20世纪80年代，受NASA火星勘探计划的驱动，许多学者针对如何在火星车轮打滑时利用视觉信息提供六自由度运动估计这一问题展开了研究[56,57,180,181]。Moravec[56]设计了所谓的“滑动立体”装置，使得单目相机可以在一根导轨上滑行。机器人采用“走走停停”的方式行进，每次停下时，相机水平地滑行并等距地拍摄9帧图像。同时，利用提取Moravec角点[142]通过极线约束和规范化互相关（NCC），把每帧图像与其他8帧图像进行匹配。前后帧之间也基于相关性进行匹配，使用三角测量法重建三维点后，再通过刚体运动的变换模型求解运动参数。在Moravec工作的基础上，Matthies等[57]使用双目立体视觉，并把重建的三维点的协方差矩阵用于运动估计，进一步提高了估计精度。Olson等[39,181]稍后扩展了这项工作，通过引入全局姿态传感器有效地降低了立体VO的误差积累速度。在以上提到的算法中，每一对立体图像都通过三角测量得到三维点集，再通过求解三维点到三维点的配准问题得到估计运动。2004年，Nister等[61]提出了一种完全不同的方法，没

有把运动估计问题当成三维点的配准问题，而是作为三维到二维的相机位姿估计问题。Nister 不仅仅正式提出了“VO”这个名词，而且第一次实现了可以鲁棒地去除外点的实时 VO 系统，并进行了长距离测试。后期的 VO 方法基本依照 Nister 提出的总体框架，不同在于通过不断改进特征提取算法、特征匹配和跟踪算法以及运动估计算法，来获取更加准确、快速、鲁棒的定位结果。VO 最成功的应用是在 NASA MER（Mars Exploration Rover）计划中使用的火星探测机器人——“勇气号”和“机遇号”上。MER 要求 VO 定位误差在行进 100m 时不能超过 10%。MER 的 VO 在火星上出色地完成了任务，在斜度超过 20°、长度超过 8m 的陡坡上精确定位，确保了探测机器人的安全[182]。

本章所用的视觉里程计算法依赖如图 6.1 中所示立体相机输出的图像信息，其问题可由图 6.6 描述。视觉系统在运动过程中通过匹配相邻两帧的 4 幅图像的特征，即可通过一定的优化算法估计出两连续帧之间的相对位姿。其具体过程如下：

（1）对立体图像对分别进行特征提取。

（2）利用极线约束进行特征点立体匹配，其示例结果如图 6.7 所示。

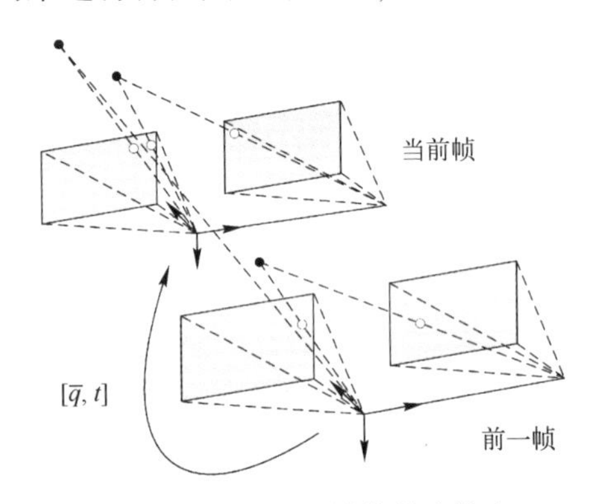


图 6.6　视觉里程计的算法描述

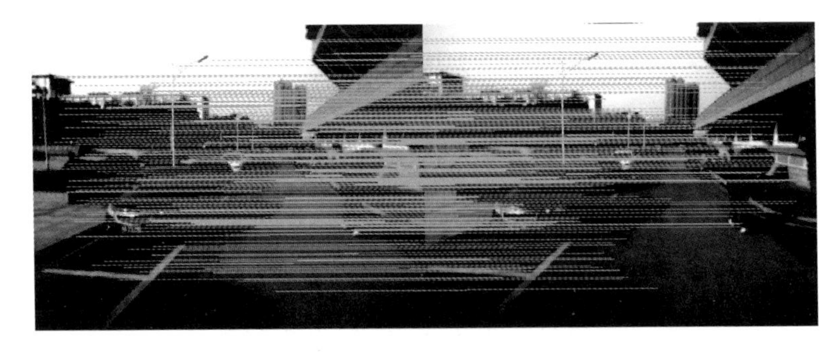

图 6.7　双目立体匹配示意图

(3) 两帧间特征点匹配:读取上一帧双目图相对的立体匹配结果,并与当前帧进行匹配,其示例结果如图 6.8 所示。

图 6.8 两连续帧图像特征匹配

(4) 特征点三维重建:对两帧间成功匹配的特征点对,利用三角测量法重建当前帧的三维坐标,得到当前时刻重建的三维点集$\{\boldsymbol{X}_i\}$。

(5) 优化重投影误差:另 $\boldsymbol{\pi}^{(l)}(\boldsymbol{X},\bar{q},\boldsymbol{t})$ 表示上述重建的三维点 $\boldsymbol{X}$ 到前一帧所图像的投影,$\boldsymbol{\pi}^{(r)}(\boldsymbol{X},\bar{q},\boldsymbol{t})$ 表示 $\boldsymbol{X}$ 到右图像的投影,其中 $\bar{q}$ 和 $\boldsymbol{t}$ 分别表示两帧之间的姿态四元数和平移。则 $\bar{q}$ 和 $\boldsymbol{t}$ 可以通过迭代优化以下目标函数求得

$$J_{\mathrm{VO}} = \sum_{i=1}^{N} \|\boldsymbol{f}_i^{(l)} - \boldsymbol{\pi}^{(r)}(\boldsymbol{X}_i,\bar{q},\boldsymbol{t})\|^2 + \|\boldsymbol{f}_i^{(r)} - \boldsymbol{\pi}^{(r)}(\boldsymbol{X}_i,\bar{q},\boldsymbol{t})\|^2 \tag{6.12}$$

式中:$\boldsymbol{f}_i^{(l)}$ 和 $\boldsymbol{f}_i^{(r)}$ 分别为特征点在前一帧左、右图像上的像素坐标;$N$ 为匹配特征点的总个数。实践中,由于两帧时间间隔很短,因此初始姿态四元数和平移矢量分别设为$\bar{q}_0=[1,0,0,0]^{\mathrm{T}}$ 和 $\boldsymbol{t}_0=\boldsymbol{0}_{3\times1}$。为了增强鲁棒性,使用 RANSAC[183] 算法剔除误匹配点及动态特征点的影响。

立体视觉里程计的测量方程可表示成如下形式:

$$\boldsymbol{z}_{\mathrm{VO},t_k}=\begin{bmatrix}\boldsymbol{z}_p\\ \boldsymbol{z}_{\bar{q}}\end{bmatrix}=\begin{bmatrix}R^{\mathrm{T}}(\bar{q}_{WI_1})(\boldsymbol{p}_I^W-\boldsymbol{p}_{I_1}^W)+\boldsymbol{n}_p\\ \bar{q}_{I_1I}+\boldsymbol{n}_{\bar{q}}\end{bmatrix} \tag{6.13}$$

式中:$z_p$ 和 $z_{\bar{q}}$分别为相对位置和相对姿态测量;$\boldsymbol{p}_I^W$ 和 $\boldsymbol{p}_{I1}^W$分别为两帧图像拍摄时刻系统的位置;$\bar{q}_{WI_1}$为前一帧图像拍摄时刻系统的姿态;$\bar{q}_{I_1I}$为两帧图像拍摄时刻系统的相对位姿;$\boldsymbol{n}_p$ 和 $\boldsymbol{n}_{\bar{q}}$为相对位姿的测量噪声,其协方差矩阵 $\boldsymbol{R}_p$ 和 $\boldsymbol{R}_{\bar{q}}$可在优化式(6.12)过程中计算。

## 6.4 组合导航滤波模型

由于本章所用滤波器的系统状态方程仍然以惯导为基础,滤波器的状态矢量结构以及时间传播方程与第4章介绍的相同,这里不再赘述。不同之处在于量测更新部分没有利用Sigma点卡尔曼滤波,而是利用扩展卡尔曼滤波来实现。因此,本节着重给出线性化的测量模型,其他滤波器设计细节可参考4.4节。

### 6.4.1 偏振角测量方程线性化

首先,推导偏振光传感器的线性化测量方程。由于直接对式(6.11)线性化的表达式比较复杂,因此本章利用隐函数求导的方式推导偏振角测量的线性化测量方程,对式(6.10)线性化有如下形式:

$$\begin{aligned}
\delta\boldsymbol{a}_e^M&=\begin{bmatrix}-\sin\varphi\\ \cos\varphi\\ 0\end{bmatrix}\delta\varphi=l\boldsymbol{a}_d^M\times(\boldsymbol{R}_{MI}\delta\boldsymbol{R}_{IW}\boldsymbol{a}_s^W)\\
&=l\boldsymbol{a}_d^m\times[\boldsymbol{R}_{MI}(\delta\boldsymbol{\theta}\times)\hat{\boldsymbol{R}}_{IW}\boldsymbol{a}_s^W]\\
&=l\begin{bmatrix}0&-1&0\\1&0&0\\0&0&0\end{bmatrix}\begin{bmatrix}1&0&0\\0&-1&0\\0&0&-1\end{bmatrix}\begin{bmatrix}0&-\delta\theta_3&\delta\theta_2\\ \delta\theta_3&0&-\delta\theta_1\\ -\delta\theta_2&\delta\theta_1&0\end{bmatrix}\begin{bmatrix}R_{11}&R_{21}&R_{31}\\R_{12}&R_{22}&R_{32}\\R_{13}&R_{23}&R_{33}\end{bmatrix}\begin{bmatrix}a_1\\a_2\\a_3\end{bmatrix}\\
&=l\begin{bmatrix}-R_{13}a_1-R_{23}a_2-R_{33}a_3&0&R_{11}a_1+R_{21}a_2+R_{31}a_3\\0&R_{13}a_1+R_{23}a_2+R_{33}a_3&-R_{12}a_1-R_{22}a_2-R_{32}a_3\\0&0&0\end{bmatrix}\begin{bmatrix}\delta\theta_1\\ \delta\theta_2\\ \delta\theta_3\end{bmatrix}
\end{aligned} \tag{6.14}$$

则线性化偏振角测量 $\delta\varphi$ 可表示成如下形式:

$$\delta\varphi=\boldsymbol{A}\delta\boldsymbol{\theta} \tag{6.15}$$

其中

$$\boldsymbol{A}=\begin{cases}-\dfrac{l}{\sin\varphi}[-R_{13}a_1-R_{23}a_2-R_{33}a_3\quad 0\quad R_{11}a_1+R_{21}a_2+R_{31}a_3], & |\sin\varphi|>\dfrac{\sqrt{2}}{2},\\ \dfrac{l}{\cos\varphi}[0\quad R_{13}a_1+R_{23}a_2+R_{33}a_3\quad -R_{12}a_1-R_{22}a_2-R_{32}a_3], & |\cos\varphi|\geqslant\dfrac{\sqrt{2}}{2}.\end{cases}\tag{6.16}$$

最终,偏振角线性化测量方程可表示为

$$\delta z_{\mathrm{pol}}=\delta\varphi+n_{\varphi}=\boldsymbol{H}_{\mathrm{pol}}\delta\boldsymbol{X}+n_{\varphi}\tag{6.17}$$

其中

$$\boldsymbol{H}_{\mathrm{pol}}=[\boldsymbol{0}_{1\times3}\quad \boldsymbol{A}\quad \boldsymbol{0}_{1\times15}]\tag{6.18}$$

$n_{\varphi}$ 表示偏振角测量噪声,其协方差为 $R_{\varphi}$,这里取 $R_{\varphi}=(0.5\pi/180)^2$。

## 6.4.2 立体视觉里程计测量方程线性化

### 6.4.2.1 相对位置测量线性化

根据式(4.18)的状态误差定义,式(6.13)中的相对位置测量矢量 $\boldsymbol{z}_{\mathrm{p}}$ 可表示为

$$\boldsymbol{z}_{\mathrm{p}}=R^{\mathrm{T}}(\hat{\bar{q}}_{WI_1}\otimes\delta\bar{q}_1)(\hat{\boldsymbol{p}}_I^W+\delta\boldsymbol{p}_{WI}^W-\hat{\boldsymbol{p}}_{I_1}^W-\delta\boldsymbol{p}_{WI_1}^W)+\boldsymbol{n}_{\mathrm{p}}\tag{6.19}$$

估计的相对位置测量表示为

$$\tilde{\boldsymbol{z}}_{\mathrm{p}}=R^{\mathrm{T}}(\hat{\bar{q}}_{WI_1})(\hat{\boldsymbol{p}}_I^W-\hat{\boldsymbol{p}}_{I_1}^W)\tag{6.20}$$

相对位置测量误差表示为

$$\Delta\boldsymbol{z}_{\mathrm{p}}=\boldsymbol{z}_{\mathrm{p}}-\tilde{\boldsymbol{z}}_{\mathrm{p}}\tag{6.21}$$

将式(6.19)和式(6.20)代入式(6.21)并且利用小角度假设 $\delta\bar{q}_1\approx\begin{bmatrix}1 & \dfrac{1}{2}\delta\boldsymbol{\theta}_1^{\mathrm{T}}\end{bmatrix}^{\mathrm{T}}$ 可推得

$$\Delta\boldsymbol{z}_{\mathrm{p}}=R^{\mathrm{T}}(\hat{\bar{q}}_{WI_1})\delta\boldsymbol{p}_{WI}^W-R^{\mathrm{T}}(\hat{\bar{q}}_{WI_1})\delta\boldsymbol{p}_{WI_1}^W-R^{\mathrm{T}}(\hat{\bar{q}}_{WI_1})[(\hat{\boldsymbol{p}}_I^W-\hat{\boldsymbol{p}}_{I_1}^W)\times]+\boldsymbol{n}_{\mathrm{p}}\tag{6.22}$$

### 6.4.2.2 相对姿态测量线性化

相对姿态测量 $\boldsymbol{z}_{\bar{q}}$ 可表示为

$$\begin{aligned}\boldsymbol{z}_{\bar{q}}&=\bar{q}_{I_1I}+\boldsymbol{n}_{\bar{q}}=\bar{q}_{WI_1}^{-1}\otimes\bar{q}_{WI}+\boldsymbol{n}_{\bar{q}}\\&=(\hat{\bar{q}}_{WI_1}\otimes\delta\bar{q}_1)^{-1}\otimes(\hat{\bar{q}}_{WI}\otimes\delta\bar{q})+\boldsymbol{n}_{\bar{q}}\\&=\delta\bar{q}_1^{-1}\otimes\hat{\bar{q}}_{I_1I}\otimes\delta\bar{q}+\boldsymbol{n}_{\bar{q}}\end{aligned}\tag{6.23}$$

估计的相对姿态测量可表示为

$$\tilde{\boldsymbol{z}}_{\bar{q}}=\hat{\bar{q}}_{I_1I}\tag{6.24}$$

相对姿态测量误差定义为

$$\Delta z_{\bar{q}}=z_{\bar{q}}-\tilde{z}_{\bar{q}}=\delta\,\bar{q}_1^{-1}\otimes\hat{\bar{q}}_{I_1I}\otimes\delta\,\bar{q}+n_{\bar{q}}-\hat{\bar{q}}_{I_1I} \tag{6.25}$$

其中 $\delta\,\bar{q}_1\approx\begin{bmatrix}1 & \frac{1}{2}\delta\boldsymbol{\theta}_1^{\mathrm{T}}\end{bmatrix}^{\mathrm{T}}$，$\delta\,\bar{q}\approx\begin{bmatrix}1 & \frac{1}{2}\delta\boldsymbol{\theta}^{\mathrm{T}}\end{bmatrix}^{\mathrm{T}}$。为了简化符号表示，定义$\hat{\bar{q}}_{I_1I}$为如下形式：

$$\hat{\bar{q}}_{I_1I}\triangleq\bar{q}=\begin{bmatrix}q_w\\ \boldsymbol{q}_v\end{bmatrix} \tag{6.26}$$

式中：$q_w$ 为四元数$\hat{\bar{q}}_{I_1I}$的标量部分；$\boldsymbol{q}_v$ 为其矢量部分。

根据以上定义将式(6.25)的第一部分展开并化简得

$$\delta\bar{q}_1^{-1}\otimes\hat{\bar{q}}_{I_1I}\otimes\delta\bar{q}\approx\begin{bmatrix}q_w-\frac{1}{2}\boldsymbol{q}_v^{\mathrm{T}}(\delta\boldsymbol{\theta}-\delta\boldsymbol{\theta}_1)\\ \boldsymbol{q}_v+\frac{1}{2}[q_w(\delta\boldsymbol{\theta}-\delta\boldsymbol{\theta}_1)+\boldsymbol{q}_v\times(\delta\boldsymbol{\theta}+\delta\boldsymbol{\theta}_1)]\end{bmatrix} \tag{6.27}$$

将式(6.25)两边同时乘以下矩阵：

$$\Xi^{\mathrm{T}}(\hat{\bar{q}}_{I_1I})=\Xi^{\mathrm{T}}(\bar{q})=\begin{bmatrix}-\boldsymbol{q}_v^{\mathrm{T}}\\ q_w\boldsymbol{I}_3-(\boldsymbol{q}_w\times)\end{bmatrix}^{\mathrm{T}} \tag{6.28}$$

有

$$\begin{aligned}\Delta\tilde{z}_q&=\Xi^{\mathrm{T}}(\hat{\bar{q}}_{I_1I})\Delta z_q=\Xi^{\mathrm{T}}\,\hat{\bar{q}}_{I_1I}(\bar{q}_{I_1I}+\boldsymbol{n}_q)-0\\&=\Xi^{\mathrm{T}}(\hat{\bar{q}}_{I_1I})((\delta\bar{q}_1)^{-1}\otimes\hat{\bar{q}}_{I_1I}\otimes\delta\bar{q})+\Xi^{\mathrm{T}}(\hat{\bar{q}}_{I_1I})\boldsymbol{n}_q\end{aligned} \tag{6.29}$$

将式(6.27)和式(6.28)代入式(6.29)第一项并化简可得

$$\begin{aligned}&\Xi^{\mathrm{T}}(\hat{\bar{q}}_{I_1I})((\delta\bar{q}_1)^{-1}\otimes\hat{\bar{q}}_{I_1I}\otimes\delta\bar{q})\\&\approx\frac{1}{2}(q_w^2\boldsymbol{I}_3+2\boldsymbol{q}_v\boldsymbol{q}_v^{\mathrm{T}}+2q_w(\boldsymbol{q}_v\times)-\|\boldsymbol{q}_v\|^2I_3)\delta\boldsymbol{\theta}-\frac{1}{2}(q_w^2+\|\boldsymbol{q}_v\|^2)\delta\boldsymbol{\theta}_1\\&=\frac{1}{2}\boldsymbol{R}_I^{I_1}\delta\boldsymbol{\theta}-\frac{1}{2}\delta\boldsymbol{\theta}_1\end{aligned} \tag{6.30}$$

现在，式(6.29)可表示为

$$\Delta\tilde{z}_q\approx\frac{1}{2}\boldsymbol{R}_I^{I_1}\delta\boldsymbol{\theta}-\frac{1}{2}\delta\boldsymbol{\theta}_1+\tilde{\boldsymbol{n}}_{\bar{q}} \tag{6.31}$$

其中

$$\tilde{\boldsymbol{n}}_{\bar{q}}=\Xi^{\mathrm{T}}(\hat{\bar{q}}_{I_1I})\boldsymbol{n}_{\bar{q}} \tag{6.32}$$

其协方差可表示为

$$\widetilde{\boldsymbol{R}}_{\bar{q}}=E(\widetilde{\boldsymbol{n}}_{\bar{q}}^{\mathrm{T}}\widetilde{\boldsymbol{n}}_{\bar{q}})=\Xi^{\mathrm{T}}(\hat{\bar{q}}_{I_1I})\boldsymbol{R}_{\bar{q}}\Xi(\hat{\bar{q}}_{I_1I}) \tag{6.33}$$

#### 6.4.2.3 相对位姿测量线性化

最终,VO 的相对测量误差可以表示为如下形式:

$$\delta z_{\mathrm{VO}}=\boldsymbol{H}_{\mathrm{VO}}\delta\boldsymbol{X}+\boldsymbol{n}_{\mathrm{VO}} \tag{6.34}$$

其中

$$\boldsymbol{H}_{\mathrm{VO}}=\begin{bmatrix} R^{\mathrm{T}}(\hat{\bar{q}}_{WI_1}) & \boldsymbol{0}_{3\times3} & \boldsymbol{0}_{3\times3} & \boldsymbol{0}_{3\times6} & -R^{\mathrm{T}}(\hat{\bar{q}}_{WI_1}) & -R^{\mathrm{T}}(\hat{\bar{q}}_{WI_1})[(\hat{\boldsymbol{p}}_I^W-\hat{\boldsymbol{p}}_{I_1}^W)\times] \\ \boldsymbol{0}_{3\times3} & \frac{1}{2}\boldsymbol{R}_I^{I_1} & \boldsymbol{0}_{3\times3} & \boldsymbol{0}_{3\times6} & \boldsymbol{0}_{3\times3} & -\frac{1}{2}\boldsymbol{I}_3 \end{bmatrix} \tag{6.35}$$

$$\boldsymbol{n}_{\mathrm{VO}}=\boldsymbol{\Gamma}\begin{bmatrix}\boldsymbol{n}_p \\ \boldsymbol{n}_{\bar{q}}\end{bmatrix} \tag{6.36}$$

其中

$$\boldsymbol{\Gamma}=\begin{bmatrix}\boldsymbol{I}_3 & \boldsymbol{0}_{3\times4} \\ \boldsymbol{0}_{4\times3} & \Xi^{\mathrm{T}}(\hat{\bar{q}}_{I_1I})\end{bmatrix} \tag{6.37}$$

利用以上推得的线性化测量方程和式(4.22)所示的线性化系统方程,则可通过扩展卡尔曼滤波进行系统的时间更新和量测更新,其中量测更新过程中利用残差卡方检验来剔除野值的影响。

## 6.5 组合导航实验验证

### 6.5.1 实验设备及场景描述

为了验证算法的有效性,对室外不同环境下进行了车载实验验证。数据采集车如图 6.9 所示。其中包括 PointGrey Bumblebee 2 双目立体视觉系统、Xsens MTi-700 微惯性测量单元、偏振光罗盘,以及作为参考基准的高精度 INS/BD 组合导航系统。其位置精度小于 1m,航向精度优于 0.01°。

由于视觉里程计系统在不同环境下的性能差别比较大,为了更好地说明实验效果,本书分别针对校园环境以及公路环境对本章所提算法进行了评估。实验轨迹以及相应的典型场景示意图分别如图 6.10 和图 6.11 所示。其中校园环境实验数据中车辆顺时针绕国防科技大学体育馆 3 圈,整个轨迹长度大约 1500m,行驶时间约 5min。公路实验轨迹为绕长沙栖凤路靠浏阳河一段 4 圈,整

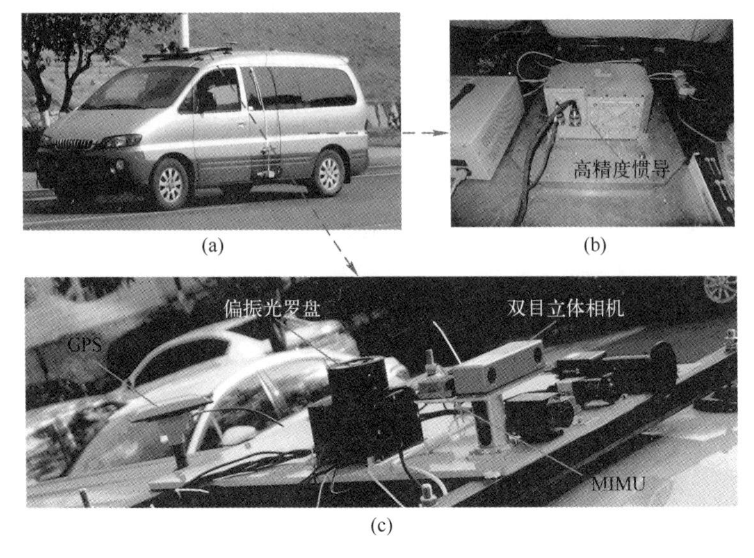

(a) (b) (c)

图 6.9 车载实验平台

个轨迹长度约 4500m,总时间约 14min。如图 6.11 所示,公路实验中由于动态的车辆和行人角度,对单纯立体视觉里程计算法提出了很大的挑战。两组实验过程中天气条件都比较好,有益于偏振光定向。

图 6.10 校园实验轨迹及场景

图6.11 公路实验轨迹及场景

## 6.5.2 实验结果和讨论

### 6.5.2.1 偏振光罗盘定向精度评估

虽然,偏振光罗盘的测角误差可达到0.2°,但是偏振光罗盘的定向精度实际上受到多种因素影响。实际中,由于天气条件、地面反射和季节变化等众多复杂因素的影响,特别是云层、气流等随机因素的影响,实际的天空偏振光分布模式与理论模型存在一定的误差。因此,此处首先评估实验过程中的偏振光罗盘定向误差。偏振罗盘航向角可通过MIMU输出的俯仰角和滚动角以及偏振罗盘输出的偏振角计算,具体方法可参考文献[179]。图6.12给出了偏振罗盘计算航向角以及由磁罗盘计算航向角的对比结果。其中,磁航向由Xsens MTi-700中的磁传感器输出以及水平角计算,具体方法请参考文献[184]。在计算磁航向前,利用文献[184]中的方法对磁罗盘进行罗差校正。由图6.12中磁航向误差曲线,可见磁罗盘虽然经过罗差校正,但是在车辆行驶过程中的磁干扰仍然会对磁航向计算有很大影响。另一个值得注意的地方是,由于两组实验的轨迹都是周期性的,可在图中看到,两组实验的磁航向误差值也呈现周期性,也就是说在不同时间到达相近的位置其磁航向误差都是相近的。两组实验中,由于天气条件比较有利于偏振光定向,故偏振罗盘的定向误差都小于磁罗盘。

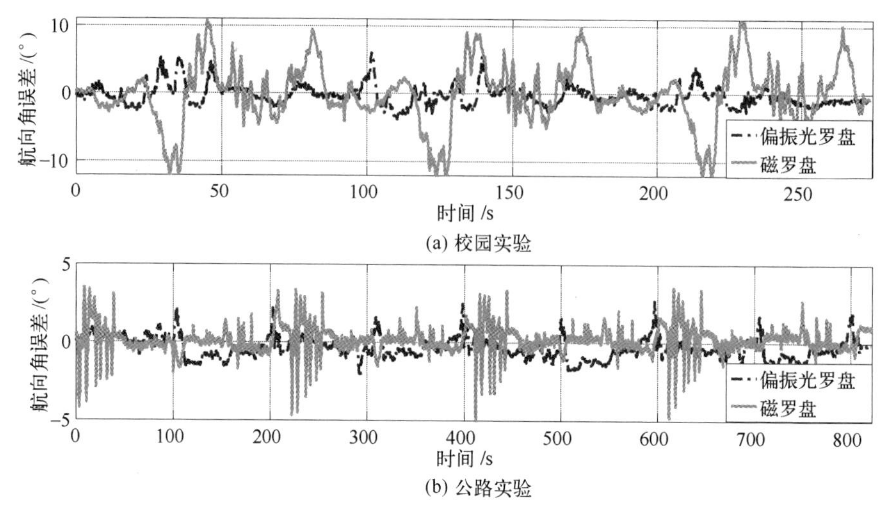


(a) 校园实验

(b) 公路实验

图 6.12 航向角误差对比(基准:INS/BD 组合导航系统)

#### 6.5.2.2 不同算法误差评估

本节对不同算法的精度进行评估,并分析组合导航系统中各个分系统对整体结果的贡献。对比的方法包括:①纯惯导;②立体 VO;③惯导+视觉。各个算法的初始位置由高精度 INS/BD 组合系统给出,初始姿态通过 MIMU 静态对准过程估计,对准过程的观测量包括零速观测和偏振光航向角观测。不同算法给出的误差统计结果如表 6.1 所列,表中各数值的单位均为米。

表 6.1 不同方法性能评估

| 实验场景 | 方法 | 3D RMSE | 高度 RMSE | 最大 3D 误差 |
|---|---|---|---|---|
| 校园实验 | 纯惯导 | 5472.5 | 518.5 | 9736.4 |
| | 立体 VO | 15.2 | 12.3 | 33.2 |
| | 惯导+视觉 | 6.2 | 3.0 | 13.1 |
| | 惯导+视觉+偏振光 | 4.0 | 2.23 | 7.3 |
| 公路实验 | 纯惯导 | 45247.6 | 1995.2 | 175081.3 |
| | 立体 VO | 83.4 | 20.0 | 208.6 |
| | 惯导+视觉 | 9.2 | 0.86 | 23.8 |
| | 惯导+视觉+偏振光 | 4.3 | 0.60 | 7.9 |

不同算法的位置误差随时间变化曲线由图 6.13 和图 6.14 给出。图中可以看出:①单纯使用 MIMU 的纯惯性导航误差积累迅速,不能单独使用。

②纯立体视觉里程计也存在较大的误差累积现象,特别是对于特征点分布不均匀的公路实验。Olson 等[39]通过仿真及实验分析指出:航向误差对整体误差的影响更大。③MIMU 与立体视觉里程计能够极大地降低两个分系统的误差。在组合系统中,MIMU 主要贡献在于降低组合系统的航向误差。MIMU 内的加速度计可以测量重力矢量方向,从而保持一个比较低的水平角误差,因此可以有效地降低高度方向的误差。④通过引入偏振光罗盘,能够很大地降低水平方向误差的积累。这主要由于偏振光罗盘能够提供绝对航向的测量信息。事实上,绝对航向信息对于降低长期和长距离的位置误差积累是至关重要的。

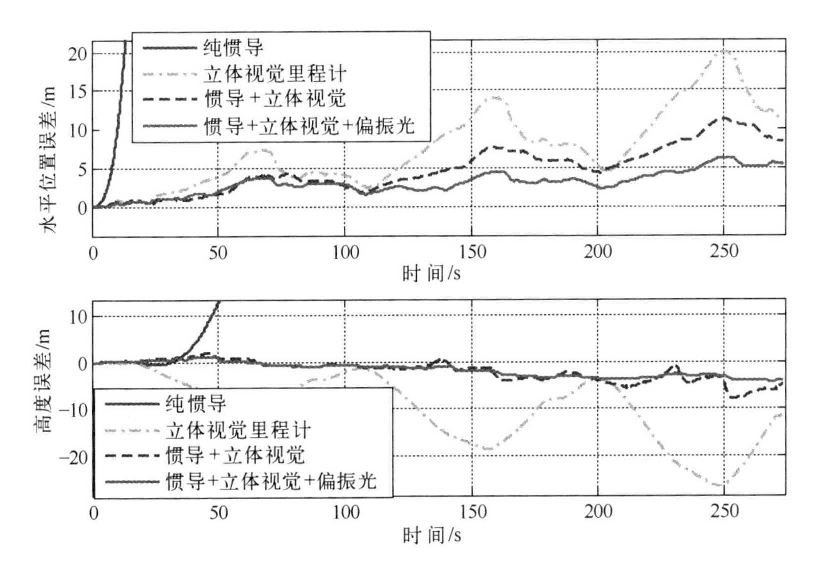


图6.13 校园实验位置误差曲线(基准:INS/BD 组合导航系统)

为了进一步分析各个分系统在组合系统中的作用,图6.15立体视觉里程计的姿态和速度误差曲线。由于车体晃动等因素相机系与高精度惯导坐标系并不能很好的对齐,因此这里水平角误差以 MIMU 输出的水平角(误差小于0.5°)作为参考,而速度误差曲线为两个速度模值的差。从图6.15可见,实际中立体视觉里程计估计的速度误差比较小,而姿态误差比较大,尤其是俯仰角和航向角误差。因此,通过融合来自 MIMU 和偏振光罗盘的绝对姿态信息能够极大地提高整体导航精度。

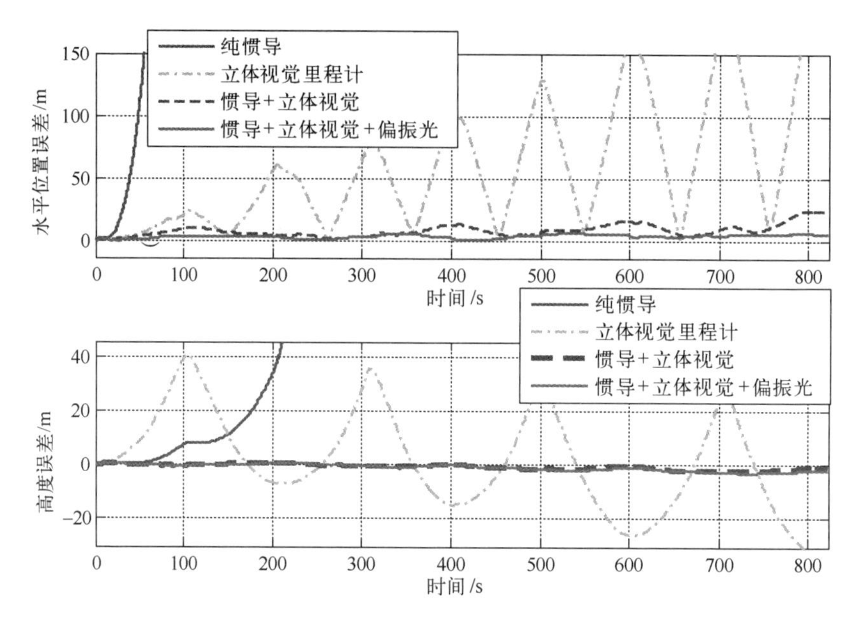


图 6.14　公路实验位置误差曲线(基准:INS/BD 组合导航系统)

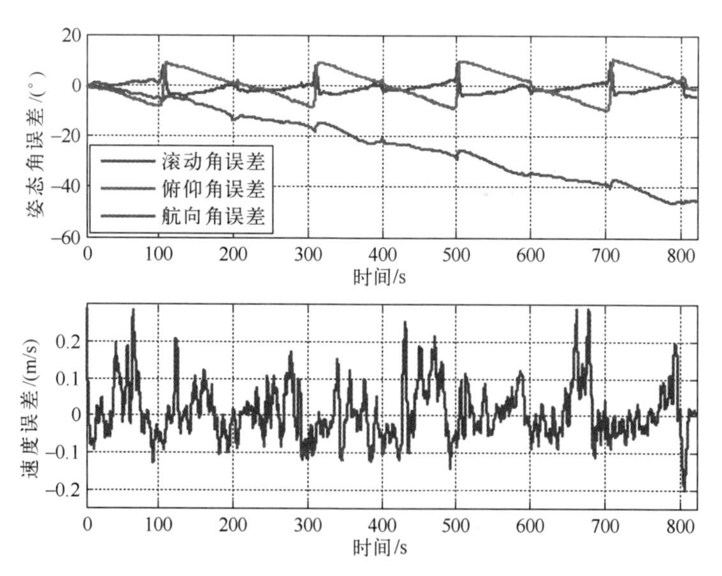


图 6.15　公路实验立体 VO 姿态和速度误差

## 6.6 本章小结

本章提出了一种基于微惯性/立体视觉里程计/偏振光罗盘的组合导航系统。推导偏振光罗盘和立体视觉里程计的测量方程,以及相应的线性化测量方程。最后,设计并实现了随机克隆扩展卡尔曼滤波器。实验表明,在两组实验环境中偏振光罗盘能够提供比磁罗盘更稳定的航向信息。另外,引入偏振光罗盘信息能够很大程度上限制长时间和长距离的误差累积。

# 附录　B样条曲线表示

本附录是关于B样条曲线的介绍。设 $U=\{u_0,u_1,\cdots,u_m\}$ 是一个单调非减实数序列，即 $u_i \leqslant u_{i+1}$，$i=0,1,\cdots,m-1$。其中，$u_i$ 称为节点(Knot)，集合 $U$ 称为节点矢量，用 $N_{i,p}(u)$ 表示第 $i$ 个 $p$ 次($p+1$ 阶)B样条基函数，其递归定义如下[188]：

$$\begin{cases} N_{i,0}(u)=\begin{cases}1, & u_i \leqslant u < u_{i+1} \\ 0, & \text{其他}\end{cases} \\ N_{i,p}(u)=\dfrac{u-u_i}{u_{i+p}-u_i}N_{i,p-1}(u)+\dfrac{u_{i+p+1}-u}{u_{i+p+1}-u_{i+1}}N_{i+1,p-1}(u) \end{cases} \tag{A.1}$$

式(B.1)称为Cox-de Boor递归公式[189]，由式(B.1)可知：

(1) $N_{i,0}(u)$ 是一个阶梯函数，它在半开区间 $u\in[u_i,u_{i+1})$ 外都为零。

(2) 当 $p>0$ 时，$N_{i,p}(u)$ 是两个 $p-1$ 次基函数的线性组合。

(3) 计算一组基函数时要事先指定节点矢量 $U$ 和次数 $p$。

(4) 半开区间 $[u_i,u_{i+1})$ 称为第 $i$ 个节点区间(Knot Span)，它的长度可以为零，因为相邻节点是可以相同的。如果节点是等距的，则称为均匀B样条。

另外，可以证明以下四个结论[188]：

(1) 基函数 $N_{i,p}(u)$ 仅在 $p+1$ 个节点区间 $[u_i,u_{i+1})$，$[u_{i+1},u_{i+2})$，$\cdots$，$[u_{i+p},u_{i+p+1})$ 上非零。此性质被称为局部支撑(Local Support)属性。

(2) 在任何一个节点区间 $[u_i,u_{i+1})$ 上，最多有 $p+1$ 个 $p$ 次基函数非零，即 $N_{i-p,p}(u)$，$N_{i-p+1,p}(u)$，$\cdots$，$N_{i,p}(u)$。

(3) 所有非零的 $p$ 次基函数在区间 $[u_i,u_{i+1})$ 上的和是1。

(4) 如果节点数是 $m+1$，基函数次数是 $p$，而控制点的数目是 $n+1$，则有如下关系式：

$$m=p+n+1 \tag{A.2}$$

$p$ 次B样条曲线可由 $n+1$ 个控制点 $P_0,P_1,\cdots,P_n$ 和节点矢量 $\boldsymbol{U}=\{u_0,u_1,\cdots,u_m\}$ 定义如下：

$$S(u)=\sum_{i=0}^{n}N_{i,p}(u)P_i \tag{A.3}$$

式中:$N_{i,p}(u)$为B样条基曲线。

下面以二次B样条曲线举例,假设控制点数分别为$P_0$、$P_1$、$P_2$,则可通过式(B.2)计算节点数目为$m=p+n+1=2+2+1=5$,均匀B样条基函数可通过Cox-de Boor递归公式计算如下:

$$N_{0,2}=\begin{cases}\frac{1}{2}u^2, & \text{如果 } 0\leqslant u<1\\ \frac{1}{2}[-2(u-1)^2+2(u-1)+2], & \text{如果 } 1\leqslant u<2\\ \frac{1}{2}[2(u-2)^2-2(u-2)+1], & \text{如果 } 2\leqslant u<3\\ 0, & \text{否则}\end{cases} \tag{A.4}$$

$$N_{1,2}=\begin{cases}\frac{1}{2}(u-1)^2, & \text{如果 } 1\leqslant u<2\\ \frac{1}{2}[-2(u-2)^2+2(u-2)+2], & \text{如果 } 2\leqslant u<3\\ \frac{1}{2}[2(u-3)^2-2(u-3)+1)], & \text{如果 } 3\leqslant u<4\\ 0 & \text{否则}\end{cases} \tag{A.5}$$

$$N_{2,2}=\begin{cases}\frac{1}{2}(u-2)^2, & \text{如果 } 1\leqslant u<2\\ \frac{1}{2}[-2(u-3)^2+2(u-3)+2], & \text{如果 } 2\leqslant u<3\\ \frac{1}{2}[2(u-4)^2-2(u-4)+1], & \text{如果 } 3\leqslant u<4\\ 0 & \text{否则}\end{cases} \tag{A.6}$$

上述基函数曲线如图A.1所示,均匀二次B样条曲线只在图中两黑色直线中间,即区间$u\in[u_2,u_3]=[2,3]$有定义:

$$\begin{aligned}S(u)=\sum_{i=0}^{2}N_{i,2}(u)P_i&=\frac{1}{2}[2(u-2)^2-2(u-2)+1]P_0\\&+\frac{1}{2}[-2(u-2)^2+2(u-2)+2]P_1+\frac{1}{2}[-2(u-3)^2+2(u-3)+2]P_2\end{aligned} \tag{A.7}$$

式(B.7)可整理成矩阵形式为

$$S(u)=\frac{1}{2}[P_0\quad P_1\quad P_2]\begin{bmatrix}1 & -2 & 1\\ -2 & 2 & 1\\ 1 & 0 & 0\end{bmatrix}\begin{bmatrix}u^2\\ u\\ 1\end{bmatrix} \tag{A.8}$$

均匀二次 B 样条曲线的一般项可写为

$$S(u)=\frac{1}{2}\begin{bmatrix}P_i & P_{i=1} & P_{i+2}\end{bmatrix}\begin{bmatrix}1 & -2 & 1\\ -2 & 2 & 1\\ 1 & 0 & 0\end{bmatrix}\begin{bmatrix}u^2\\ u\\ 1\end{bmatrix} \tag{A.9}$$

其中 $i=0,1,\cdots,n-p+1$。

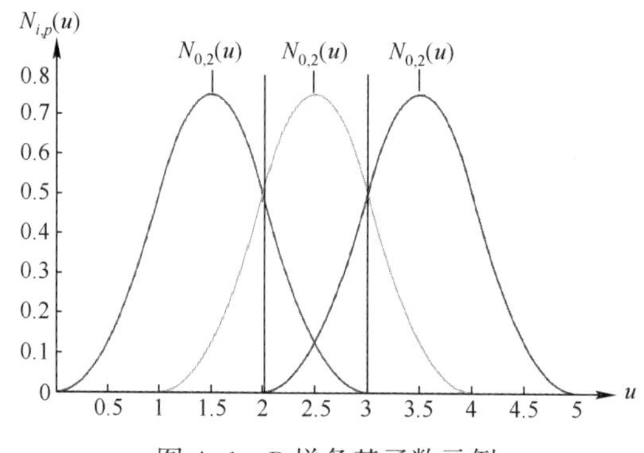


图 A.1 B 样条基函数示例

对于更高阶次的 B 样条曲线,同样可以用类似式(A.9)的矩阵形式描述,这给计算带来了很大方便。另外可以看到,只要给定控制点就可确定 B 样条曲线,而局部轨迹形状只受相邻几个控制点控制。更多关于 B 样条曲线表示的性质请参考文献[188]。

# 参考文献


[1] 中国惯性技术学会,中国航天电子技术研究院编. 惯性技术词典[M]. 北京:中国宇航出版社,2010.

[2] Titterton D H,Weston J L. Strapdown inertial navigation technology [M]. London,UK:The Institution of Electrical Engineers,2004.

[3] Groves P D. Principles of GNSS,inertial,and multisensor integrated navigation systems [M]. London,UK:Artech house,2013.

[4] Roumeliotis S I,Johnson A E,Montgomery J F. Augmenting inertial navigation with image-based motion estimation [C]. In IEEE International Conference on Robotics and Automation. Washington,DC,USA,2004.

[5] Lobo J,Dias J. Vision and inertial sensor cooperation using gravity as a vertical reference[J]. IEEE Transactions on Pattern Analysis and Machine Intelligence,2003,25(12):1597-1608.

[6] Diel D D,DeBitetto P,Teller S. Epipolar constraints for vision-aided inertial navigation [C]. In IEEE Workshops on Application of Computer Vision. Colorado,USA,2005.

[7] Veth M. Fusion of imaging and inertial sensors for navigation [D]. Air Force Institute of Technology,2006.

[8] Corke P,Lobo J,Dias J. An introduction to inertial and visual sensing[J]. International Journal of Robotics Research,2007,26(6):519-535.

[9] Mourikis A,Roumeliotis S I. A multi-state constraint Kalman filter for vision-aided inertial navigation [C]. In IEEE Inernational Conference on Robotics and Automation. Roma,Italy,2007.

[10] Durrie J,Gerritsen T,Frew E W,et al. Vision-aided inertial navigation on an uncertain map using a particle filter [C]. In IEEE International Conference on Robotics and Automation. Kobe,Japan,2009.

[11] Mourikis A I,Trawny N,Roumeliotis S I,et al. Vision-aided inertial navigation for spacecraft entry,descent,and landing[J]. IEEE Transactions on Robotics,2009,25(2):264-280.

[12] Tardif J P,George M,Laverne M. A new approach to vision-aided inertial navigation [C]. In 2010 IEEE/RSJ International Conference on Intelligent Robots and Systems. Taipei,Taiwan,2010.

[13] García Carrillo L R,Dzul López A E,Lozano,R. et al. Combining stereo vision and inertial navigation system for a quad-rotor UAV [J]. Journal of Intelligent & Robotic Systems,2012,65:373.

[14] Jones E S,Soatto S. Visual-inertial navigation,mapping and localization:A scalable real-time causal approach [J]. The International Journal of Robotics Research,2011,30(4):407-430.

[15] Hu J S,Chen M Y. A sliding-window visual-IMU odometer based on trifocal tensor geometry [C]. In

IEEE International Conference on Robotics and Automation. Hong Kong, China, 2014.

[16] Xian Z, Hu X, Lian J. Fusing stereo camera and low-cost inertial measurement unit for autonomous navigation in a tightly-coupled approach [J]. Journal of Navigation, 2015, 68(3): 434-452.

[17] Kong X, Wu W, Zhang L, et al. Tightly-coupled stereo visual-inertial navigation using point and line features [J]. Sensors, 2015, 15(6): 12816.

[18] Oettershagen P, Melzer A, Mantel T, et al. A solar-powered hand-launchable UAV for low-altitude multi-day continuous flight [C]. IEEE International Conference on Robotics and Automation. Washington, USA, 2015.

[19] Garage W. PR2 user manual [EB]. 2012. http://pr2support.willowgarage.com/wiki/PR2%20Manual.

[20] Shkurti F, Rekleitis I, Scaccia M, et al. State estimation of an underwater robot using visual and inertial information [C]. IEEE/RSJ International Conference on Intelligent Robots and Systems. California, USA, 2011.

[21] Srinivasan M, Zhang S, Bidwell N. Visually mediated odometry in honeybees [J]. Journal of Experimental Biology, 1997, 200(19): 2513-2522.

[22] Wolf H. Odometry and insect navigation [J]. Journal of Experimental Biology., 2011, 214(10): 1629-1641.

[23] Wehner R, Michel B, Antonsen P. Visual navigation in insects: Coupling of egocentric and geocentric information [J]. Journal of Experimental Biology, 1996, 199: 129-140.

[24] Scaramuzza D, Fraundorfer F. Visual Odometry, part 1: The first 30 years and fundamentals [J]. IEEE Robotics & Automation Magazine, 2011, 18(4): 80-92.

[25] Amirhosseini S F, Romanovas M, Schwarze T, et al. Stochastic cloning unscented Kalman filtering for pedestrian localization applications [C]. In International Conference on Indoor Positioning and Indoor Navigation. Montbéliard, France, 2013.

[26] Romanovas M, Schwarze T, Schwaab M, et al. Stochastic cloning Kalman filter for visual odometry and inertial/magnetic data fusion [C]. In International Conference on Information Fusion (FUSION). Istanbul, Turkey, 2013.

[27] Sirtkaya S, Seymen B, Alatan A A, et al. Loosely coupled Kalman filtering for fusion of visual odometry and inertial navigation [C]. In International Conference on Information Fusion (Fusion). Istanbul, Turkey, 2013.

[28] Civera J, Grasa O G, Davison A J, et al. 1-Point RANSAC for Extended Kalman Filtering: Application to Real-Time Structure from Motion and Visual Odemetry [J]. Journal of Field Robotics, 2010, 27(5): 609-631.

[29] Sola J, Vidal-Calleja T, Civera J, et al. Impact of landmark parametrization on monocular EKF-SLAM with points and lines [J]. International Journal of Computer Vision, 2012, 97(3): 339-368.

[30] Xian Z, Hu X, Lian J. Fusing Stereo Camera and Low-Cost Inertial Measurement Unit for Autonomous Navigation in a Tightly-Coupled Approach [J]. Journal of Navigation, 2015, 68(03): 434-452.

[31] Estrada C, Neira J, Tardós J D. Hierarchical SLAM: Real-time accurate mapping of large environments [J]. IEEE Transactions on Robotics, 2005, 21(4): 588-596.

[32] Bailey T, Durrant-Whyte H. Simultaneous localization and mapping (SLAM): Part II [J]. IEEE Robotics & Automation Magazine, 2006, 13(3): 108-117.

[33] Schmid K, Tomic T, Ruess F, et al. Stereo Vision based indoor/outdoor Navigation for Flying Robots[C]. In International Conference on Intelligent Robots and Systems. Tokyo, Japan, 2013: 3955-3962.

[34] Asadi E, Bottasso C L. Tightly-coupled stereo vision-aided inertial navigation using feature-based motion sensors [J]. Advanced Robotics, 2014, 28(11): 717-729.

[35] Kelly J, Sukhatme G S. Visual-inertial sensor fusion: Localization, mapping and sensor-to-sensor self-calibration [J]. International Journal of Robotics Research, 2011, 30(1): 56-79.

[36] Martinelli A. State estimation based on the concept of continuous symmetry and observability analysis: The case of calibration [J]. IEEE Transactions on Robotics, 2011, 27(2): 239-255.

[37] Hesch J A, Kottas D G, Bowman S L, et al. Observability-constrained vision-aided inertial navigation [R]. University of Minnesota, Dept of Comp Sci & Eng, MARS Lab, Tech Rep, 2012.

[38] Wang Y, Hu X, Lian J, et al. Improved seq-SLAM for real-time place recognition and navigation error correction [C]. In International Conference on Intelligent Human-Machine Systems and Cybernetics (IHMSC). Hangzhou, China, 2015.

[39] Olson C F, Matthies L H, Schoppers M, et al. Rover navigation using stereo ego-motion [J]. Robotics and Autonomous System, 2003(43): 215-229.

[40] Feng G H, Wu W Q, Wang J L. Observability analysis of a matrix Kalman filter-based navigation system using visual/inertial/magnetic sensors [J]. Sensors, 2012, 12(7): 8877-8894.

[41] DeSouza G N, Kak A C. Vision for mobile robot navigation: A survey [J]. IEEE Transactions on Pattern Analysis and Machine Intelligence, 2002, 24(2): 237-267.

[42] Dellaert F, Burgard W, Fox D, et al. Using the condensation algorithm for robust, vision-based mobile robot localization [C]. In IEEE Computer Society Conference on Computer Vision and Pattern Recognition. Ft. Collins, CO, USA, 1999.

[43] Moravec H P, Elfes A. High resolution maps from wide angle sonar [C]. In IEEE International Conference on Robotics and Automation. St. Louis, Missouri, USA, 1985.

[44] Lerner R, Rivlin E. Direct method for video-based navigation using a digital terrain map [J]. IEEE Transactions on pattern analysis and machine intelligence, 2011, 33(2): 406-411.

[45] Winters N, Santos-Victor J. Omni-directional visual navigation[C]. Proceedings of the 7th International Symposium on Intelligent Robotics Systems, 1999: 109-118.

[46] Cummins M, Newman P. FAB-MAP: Probabilistic localization and mapping in the space of appearance [J]. The International Journal of Robotics Research, 2008, 27(6): 647-665.

[47] Smith R C, Cheeseman P. On the representation and estimation of spatial uncertainty [J]. The International Journal of Robotics Research, 1986, 5(4): 56-68.

[48] Durrant-Whyte H, Bailey T. Simultaneous localization and mapping: part I [J]. IEEE Robotics & Auto-

mation Magazine,2006,13(2):99-110.

[49] Davison A J,Reid I D,Molton N D,et al. MonoSLAM:Real-time single camera SLAM [J]. IEEE Transactions on Pattern Analysis and Machine Intelligence,2007,29(6):1052-1067.

[50] Mur-Artal R,Montiel J,Tardos J D. ORB-SLAM:a versatile and accurate monocular SLAM system [J]. IEEE Transactions on Robotics,2015,31(5):1147-1163.

[51] 马颂德,张正友. 计算机视觉—理论与算法基础[M]. 北京:科学出版社,1998.

[52] Horn B K, Schunck B G. Determining optical flow [J]. Artificial Intelligence, 1981, 17(1-3): 185-203.

[53] Lucas B D,Kanade T. An iterative image registration technique with an application to stereo vision [C]. Proceedings of the 7th International Joint Conference on Artificial Intelligence,IJCAI '81,Vancouver,BC, Canada ,1981.

[54] Srinivasan M,Zhang S,Chahl J,et al. An overview of insect-inspired guidance for application in ground and airborne platforms[J]. Proceedings of the Institution of Mechanical Engineers, Part G: Journal of Aerospace Engineering,2004,218(6):375-388.

[55] Chao H,Gu Y,Napolitano M. A survey of optical flow techniques for robotics navigation applications [J]. Journal of Intelligent & Robotic Systems,2014,73(1-4):361-372.

[56] Moravec H P. Obstacle avoidance and navigation in the real world by a seeing robot rover[R]. Stanford Univ CA Dept of Computer Science,1980.

[57] Matthies L,Shafer S A. Error modeling in stereo navigation[J]. IEEE Journal on Robotics and Automation,1987,3(3):239-248.

[58] Cheng Y, Maimone M, Matthies L, et al. Visual odometry on the mars exploration rovers [C]. Proceedings of the IEEE International Conference on Systems,Man and Cybernetics. Waikoloa,Hawaii, USA,2005,Vol 1-4:903-910.

[59] Maimone M,Cheng Y,Matthies L. Two years of visual odometry on the Mars exploration rovers[J]. Journal of Field Robotics,2007,24(3):169-186.

[60] Matthies L,Maimone M,Johnson A,et al. Computer vision on Mars [J]. International Journal of Computer Vision,2007,75(1):67-92.

[61] Nister D,Naroditsky O,Bergen J,et al. Visual odometry [C]. In IEEE Computer Society Conference on Computer Vision and Pattern Recognition. Washington,DC,USA,2004,Vol 1:652-659.

[62] Fraundorfer F, Scaramuzza D. Visual Odometry Part II: Matching, robustness, optimization, and applications [J]. IEEE Robotics & Automation Magazine,2012,19(2):78-90.

[63] Tsai R Y,Lenz R K. A New Technique for fully autonomous and efficient 3D robotics hand/eye calibration[J]. IEEE Transactions on Robotics and Automatfon,1989,3(5):345-358.

[64] Horaud R,Dornaika F. Hand-eye calibration [J]. The International Journal of Robotics Research,1995, 14(3):195-210.

[65] Daniilidis K. Hand-eye calibration using dual quaternions [J]. The International Journal of Robotics Research,1999,18(3):286-298.

[66] Strobl K H, Hirzinger G. Optimal hand-eye calibration [C]. In IEEE/RSJ International Conference on Intelligent Robots and Systems. Beijing, China, 2006.

[67] Lang P, Pinz A. Calibration of hybrid vision/inertial tracking systems [C]. In the Proceedings of the 2nd Iner Vis Workshop on Integration of Vision and Inertial Senors, Barcelona, Spain, 2005.

[68] Horn B K P. Closed-form solution of absolute orientation using unit quaternions [J]. Journal of the optical society of America, 1987, 4(4): 629-642.

[69] Lobo J, Dias J. Relative pose calibration between visual and inertial sensors[J]. The International Journal of Robotics Research, 2007, 26(6): 561-575.

[70] 杨克虎,史英桂,冀晓强,等. 惯性—视觉—磁场传感器组合的低成本标定方法[J]. 中国惯性技术学报, 2011, 19(2): 198-204.

[71] Mirzaei F M, Roumeliotis S I. A Kalman filter-based algorithm for IMU-camera calibration: Observability analysis and performance evaluation [J]. IEEE Transactions on Robotics, 2008, 24(5): 1143-1156.

[72] Brink K, Soloviev A. Filter-Based Calibration for an IMU and Multi-Camera System [C]. In IEEE/ION Position Location and Navigation Symposium. Myrtle Beach, South Carolina, USA, 2012: 730-739.

[73] Crassidis J L, Junkins J L. Optimal estimation of dynamic systems [M]. London : Chapman and Hall/CRC, 2011.

[74] 杨浩,张峰,叶军涛. 摄像机和惯性测量单元的相对位姿标定方法[J]. 机器人, 2011, 33(4): 419-426.

[75] Li M, Yu H, Zheng X, et al. High-fidelity sensor modeling and self-calibration in vision-aided inertial navigation [C]. In IEEE International Conference on Robotics and Automation (ICRA). Hong Kong, China, 2014.

[76] Hol J D, Schon T B, Gustafsson F. Modeling and calibration of inertial and vision sensors[J]. International Journal of Robotics Research, 2010, 29(2-3): 231-244.

[77] Fleps M, Mair E, Ruepp O, et al. Optimization based IMU camera calibration [C]. In IEEE/RSJ International Conference on Intelligent Robots and Systems (IROS). San Francisco, California, USA, 2011.

[78] Furgale P, Rehder J, Siegwart R. Unified temporal and spatial calibration for multi-sensor systems [C]. In IEEE/RSJ International Conference on Intelligent Robots and Systems, Tokyo, Japan, 2013.

[79] Triggs B, McLauchlan P F, Hartley R I, et al. Bundle adjustment a modern synthesis [M]. Vision algorithms: theory and practice. Springer, 1999: 298-372.

[80] 崔乃刚,王小刚,郭继峰. 基于 Sigmapoint 卡尔曼滤波的 INS/Vision 相对导航方法研究[J]. 宇航学报, 2009(6): 2220-2225.

[81] 王龙,董新民,张宗麟. 紧耦合 INS/视觉相对位姿测量方法[J]. 中国惯性技术学报, 2011, 19(6): 686-691.

[82] 冯国虎. 单目视觉/惯性组合导航可观性分析与动态滤波算法研究[D]. 国防科学技术大学, 2012.

[83] 杜光勋,全权,蔡开元. 视觉与惯性传感器融合的隐式卡尔曼滤波位置估计算法[J]. 控制理论与应用, 2012, 29(7): 833-840.

[84] 宋申民,魏喜庆. 基于TSVD-UKF的视觉/惯性融合位姿确定[C].中国智能自动化学术会议. 长沙:中南大学出版社,2011.

[85] Isidori A. Nonlinear control systems [M]. London:Springer Science & Business Media,1995.

[86] Wu Y,Zhang H,Wu M,et al. Observability of strapdown INS alignment:A global perspective[J]. IEEE Transactions on Aerospace and Electronic Systems,2012,48(1):78-102.

[87] Goshen-Meskin D,Bar-Itzhack I. Observability analysis of piece-wise constant systems. I. Theory [J]. IEEE Transactions on Aerospace and Electronic Systems,1992,28(4):1056-1067.

[88] Kim J,Sukkarieh S. Improving the real-time efficiency of inertial SLAM and understanding its observability [C]. In IEEE/RSJ International Conference on Intelligent Robots and Systems. Sendai, Japan,2004.

[89] Martinelli A. Vision and IMU data fusion:Closed-form solutions for attitude,speed,absolute scale,and bias determination[J]. IEEE Transactions on Robotics,2012,28(1):44-60.

[90] Weiss S M. Vision based navigation for micro helicopters[D]. ETH Zurich,2012.

[91] Martinelli A. Nonlinear Unknown Input Observability:Analytical expression of the observable codistribution in the case of a single unknown input [C]. In SIAM Conference on Control and Its Applications (CT15),Paris,France,2015.

[92] Muheim R,Phillips J B,Åkesson S. Polarized light cues underlie compass calibration in migratory songbirds [J]. Science,2006,313(5788):837-839.

[93] Pahl M,Zhu H,Tautz J,et al. Large scale homing in honeybees[J]. PLoS One,2011,6(5):e19669.

[94] Lambrinos D,Möller R,Labhart T,et al. A mobile robot employing insect strategies for navigation [J]. Robotics and Autonomous Systems,2000,30(1):39-64.

[95] Karman S B,Diah S Z M,Gebeshuber I C. Bio-inspired polarized skylight-based navigation sensors:A review[J]. Sensors,2012,12(11):14232-14261.

[96] Coughlan J M,Yuille A L. Manhattan world:Compass direction from a single image by bayesian inference [C]. In IEEE International Conference on Computer Vision,Kerkyra,Greece,Sept. 20-27,1999.

[97] Titterton D,Weston J. Strapdown Inertial Navigation Technology [M]. London,UK:The Institution of Engineering and Technology,2004.

[98] Barbour N M. Inertial navigation sensors [R]. Charles Stark Draper Lab Inc Cambridge Ma,2010.

[99] Schmidt G. INS/GPS Technology Trends. NATO RTO Lecture Series[R]. RTO-EN-SET-116. Low-Cost Navigation Sensors and Integration Technology,2010.

[100] 丁衡高. 微型惯性器件及系统技术[M]. 北京:国防工业出版社,2014.

[101] IEEE Std 952-1997. IEEE standard specification format guide and test procedure for single-axis interferometric fiber optic gyros [S]. 1998.

[102] 李鹏波,胡德文. 系统辨识基础[M]. 北京:中国水利水电出版,2006.

[103] El-Sheimy N,Hou H,Niu X. Analysis and modeling of inertial sensors using Allan variance[J]. IEEE Transactions on Instrumentation and Measurement,2008,57(1):140-149.

[104] Allan D W. Statistics of atomic frequency standards [J]. Proceedings of the IEEE,1966,54(2):

221-230.

[105] Barnes J A, Chi A R, Cutler L S, et al. Characterization of frequency stability[J]. IEEE Transactions on Instrumentation and Measurement, 1971, 1001(2): 105-120.

[106] Brown D C. Close-range camera calibration[J]. Phototogrammetric Engineering, 1971, 37(8): 855-866.

[107] 徐德, 谭民, 李原. 机器人视觉测量与控制[M]. 北京:国防工业出版社, 2016.

[108] 胡占义, 吴福朝. 基于主动视觉摄像机标定方法[J]. 计算机学报, 2002, 25(11): 1149-1156.

[109] Faugeras O D, Toscani G. The calibration problem for stereo[C]. In IEEE Conference on Computer Vision and Pattern Recognition. Miami, FL, 1986.

[110] Tsai R Y. An efficient and accurate camera calibration technique for 3D machine vision[C]. In IEEE Conference on Computer Vision and Pattern Recognition, Miami, FL, 1986.

[111] Zhang Z. Flexible camera calibration by viewing a plane from unknown orientations[C]. In IEEE International Conference on Computer Vision, Kerkyra, Greece, 1999.

[112] Meng X, Hu Z. A new easy camera calibration technique based on circular points[J]. Pattern Recognition, 2003, 36(5): 1155-1164.

[113] Wu Y, Zhu H, Hu Z, et al. Camera calibration from the quasi-affine invariance of two parallel circles[C]. European Conference on Computer Vision. Springer, Berlin, Heidelberg, 2004: 190-202.

[114] Hartley R I. Self-calibration of stationary cameras[J]. International Journal of Computer Vision, 1997, 22(1): 5-23.

[115] De Ma S. A self-calibration technique for active vision systems[J]. IEEE Transactions on Robotics and Automation, 1996, 12(1): 114-120.

[116] Faugeras O D, Luong Q T, Maybank S J. Camera self-calibration: Theory and experiments[C]. European conference on computer vision. Springer, Berlin, Heidelberg, 1992: 321-334.

[117] Hartley R, Zisserman A. Multiple view geometry in computer vision[M]. Cambridge, England: Cambridge university press, 2004.

[118] Bouguet J Y. Camera calibration toolbox for matlab[EB]. http://www.vision.caltech.edu/bouguetj/calib_doc/index.html, 2004.

[119] Wu Y, Wu M, Hu X, et al. Self-calibration for land navigation using inertial sensors and odometer: Observability analysis[C]. AIAA Guidance, Navigation, and Control Conference. Chicago, Illinois, USA, 2009: 5970.

[120] Kelly J, Saripalli S, Sukhatme G S. Combined visual and inertial navigation for an unmanned aerial vehicle[C]. Field and Service Robotics. Springer, Berlin, Heidelberg, 2008: 255-264.

[121] Kelly J, Sukhatme G S. An experimental study of aerial stereo visual odometry[C]. IFAC Proceedings Volumes, 2007, 40(15): 197-202.

[122] Furgale P, Rehder J, Siegwart R. Unified temporal and spatial calibration for multi-sensor systems[C]. In IEEE/RSJ International Conference on Intelligent Robots and Systems. Tokyo, Japan, 2013: 1280-1286.

[123] Hughes P C. Spacecraft attitude dynamics[M]. Courier Corporation,2012.

[124] Shuster M D. The kinematic equation for the rotation vector[J]. IEEE Transactions on Aerospace and Electronic Systems,1993,29(1):263-267.

[125] Rublee E,Rabaud V,Konolige K,et al. ORB:An efficient alternative to SIFT or SURF[C]. ICCV, 2011,11(1):2.

[126] Mur-Artal R,Tardós J D. Orb-slam2:An open-source slam system for monocular,stereo,and rgb-d cameras[J]. IEEE Transactions on Robotics,2017,33(5):1255-1262.

[127] Burri M,Nikolic J,Gohl P,et al. The EuRoC micro aerial vehicle datasets[J]. The International Journal of Robotics Research,2016,35(10):1157-1163.

[128] Nikolic J,Rehder J,Burri M,et al. A synchronized visual-inertial sensor system with FPGA pre-processing for accurate real-time SLAM[C]. In IEEE International Conference on Robotics and Automation (ICRA). Hong Kong,China,2014:431-437.

[129] Olson E. AprilTag:A robust and flexible visual fiducial system [C]. In IEEE International Conference on Robotics and Automation. Shanghai,China,2011:3400-3407.

[130] Indelman V,Gurfil P,Rivlin E,et al. Real-time vision-aided localization and navigation based on three-view geometry[J]. IEEE Transactions on Aerospace and Electronic Systems,2012,48(3):2239-2259.

[131] Weiss S,Achtelik M W,Lynen S,et al. Real-time onboard visual-inertial state estimation and self-calibration of mavs in unknown environments[C]. In IEEE International Conference on Robotics and Automation. Saint Paul,Minnesota,2012:957-964.

[132] Li M,Mourikis A I. Improving the accuracy of EKF-based visual-inertial odometry[C]. In IEEE International Conference on Robotics and Automation. Saint Paul,Minnesota,2012:828-835.

[133] Kottas D G,Roumeliotis S I. Efficient and consistent vision-aided inertial navigation using line observations[C]. In IEEE International Conference on Robotics and Automation. Karlsruhe,Germany,2013:1540-1547.

[134] Kottas D G,Roumeliotis S I. Exploiting Urban Scenes for Vision-aided Inertial Navigation [C]. Robotics:Science and Systems. Berlin,Germany,2013.

[135] Zhang L. Line Primitives and Their Applications in Geometric Computer Vision[D]. Germany:Kiel University,2013.

[136] Zhang L,Koch R. Line matching using appearance similarities and geometric constraints [C]. Joint DAGM (German Association for Pattern Recognition) and OAGM Symposium. Springer,Berlin,Heidelberg,2012:236-245.

[137] McDermott J,Weiss Y,Adelson E H. Beyond junctions:nonlocal form constraints on motion interpretation[J]. Perception,2001,30(8):905-923.

[138] Maybeck P S. Stochastic models,estimation,and control[M]. New York:Academic press,1982.

[139] Lefebvre T,Bruyninckx H,De Schutter J. Kalman filters for non-linear systems:a comparison of performance[J]. International journal of Control,2004,77(7):639-653.

[140] Van Der Merwe R. Sigma-point Kalman filters for probabilistic inference in dynamic state-space models[D]. Oregon, USA: Oregon Health & Science University, 2004.

[141] Julier S J. The scaled unscented transformation[C]. Proceedings of the 2002 American Control Conference. Alaska, USA, 2002, 6: 4555-4559.

[142] Moravec H P. Techniques towards automatic visual obstacle avoidance[C]. Proceedings of the 5th international joint conference on Artificial intelligence, Cambridge, USA, 1977, 2: 584-584.

[143] Rosten E, Drummond T. Machine learning for high-speed corner detection[C]. European conference on computer vision. Springer, Berlin, Heidelberg, 2006: 430-443.

[144] Eade E, Drummond T. Monocular SLAM as a graph of coalesced observations[C]. In IEEE 11th International Conference on Computer Vision. Rio de Janeiro, Brazil, 2007: 1-8.

[145] Klein G, Murray D. Parallel tracking and mapping for small AR workspaces[C]. Proceedings of the 2007 6th IEEE and ACM International Symposium on Mixed and Augmented Reality. IEEE Computer Society, 2007: 1-10.

[146] Howard A. Real-time stereo visual odometry for autonomous ground vehicles[C]. IEEE/RSJ International Conference on Intelligent Robots and Systems. Nice, France, 2008: 3946-3952.

[147] Mei C, Sibley G, Cummins M, et al. RSLAM: A system for large-scale mapping in constant-time using stereo[J]. International Journal of Computer Vision, 2011, 94(2): 198-214.

[148] Konolige K, Bowman J, Chen J, et al. View-based maps[J]. The International Journal of Robotics Research, 2010.

[149] Szeliski R. Computer vision: algorithms and applications[M]. London: Springer Science & Business Media, 2010.

[150] Zhang Z, Deriche R, Faugeras O, et al. A robust technique for matching two uncalibrated images through the recovery of the unknown epipolar geometry[J]. Artificial intelligence, 1995, 78(1): 87-119.

[151] Akinlar C, Topal C. EDLines: A real-time line segment detector with a false detection control[J]. Pattern Recognition Letters, 2011, 32(13): 1633-1642.

[152] Bar-Shalom Y, Li X R, Kirubarajan T. Estimation with applications to tracking and navigation: theory algorithms and software[M]. New York: John Wiley & Sons, 2004.

[153] Geiger A, Lenz P, Urtasun R. Are we ready for autonomous driving? the kitti vision benchmark suite [C]. In IEEE Conference on Computer Vision and Pattern Recognition. Providence, USA, 2012: 3354-3361.

[154] Geiger A, Ziegler J, Stiller C. Stereoscan: Dense 3d reconstruction in real-time[C]. In IEEE Intelligent Vehicles Symposium (IV). Baden-Baden, Germany, 2011: 963-968.

[155] Hesch J A, Kottas D G, Bowman S L, et al. Camera-IMU-based localization: Observability analysis and consistency improvement[J]. International Journal of Robotics Research, 2014, 33(1): 182-201.

[156] Denis P, Elder J H, Estrada F J. Efficient edge-based methods for estimating manhattan frames in urban imagery[C]. European conference on computer vision. Springer, Berlin, Heidelberg, 2008: 197-210.

[157] Mirzaei F M, Roumeliotis S I. Optimal estimation of vanishing points in a manhattan world[C]. In Inter-

national Conference on Computer Vision. Barcelona, Spain, 2011: 2454-2461.

[158] Tardif J P. Non-iterative approach for fast and accurate vanishing point detection[C]. In IEEE 12th International Conference on Computer Vision. Kyoto, Japan, 2009: 1250-1257.

[159] Bazin J C, Demonceaux C, Vasseur P, et al. Rotation estimation and vanishing point extraction by omni-directional vision in urban environment[J]. The International Journal of Robotics Research, 2012, 31(1): 63-81.

[160] Bazin J C, Seo Y, Demonceaux C, et al. Globally optimal line clustering and vanishing point estimation in manhattan world[C]. In IEEE Conference on Computer Vision and Pattern Recognition. Providence, USA, 2012: 638-645.

[161] Zhang L, Koch R. Vanishing points estimation and line classification in a manhattan world[C]. Asian Conference on Computer Vision. Springer, Berlin, Heidelberg, 2012: 38-51.

[162] Zhang L, Lu H, Hu X, et al. Vanishing point estimation and line classification in a Manhattan world with a unifying camera model [J]. International Journal of Computer Vision, 2016, 117(2): 111-130.

[163] Bazin J C, Pollefeys M. 3-line ransac for orthogonal vanishing point detection [C]. In IEEE/RSJ International Conference on Intelligent Robots and Systems. Algarve, Portugal, 2012: 4282-4287.

[164] Hough P V C. Method and means for recognizing complex patterns. U. S. Patent 3, 069, 654[P]. 1962-12-18.

[165] Barnard S T. Interpreting perspective images[J]. Artificial intelligence, 1983, 21(4): 435-462.

[166] Dempster A P, Laird N M, Rubin D B. Maximum likelihood from incomplete data via the EM algorithm [J]. Journal of the royal statistical society Series B (methodological), 1977: 1-38.

[167] Rother C. A new approach to vanishing point detection in architectural environments[J]. Image and Vision Computing, 2002, 20(9): 647-655.

[168] Zhang L, Lu H, Hu X, et al. Vanishing point estimation and line classification in a manhattan world with a unifying camera Model[J]. International Journal of Computer Vision, 2016, 117(2): 111-130.

[169] Xian Z, Hu X, Lian J, et al. A novel angle computation and calibration algorithm of bio-inspired sky-light polarization navigation sensor[J]. Sensors, 2014, 14(9): 17068-17088.

[170] 谢敬辉,赵达尊,阎吉祥,等. 物理光学教程[M]. 北京:北京理工大学出版社,2005.

[171] 廖延彪. 偏振光学[M]. 北京:科学出版社,2003.

[172] Lord Rayleigh. On the light from the sky, its polarization and colour[J]. Phil Mag, 1871, 41: 274.

[173] Wang Y, Hu X, Lian J, et al. Design of a device for sky light polarization measurements[J]. Sensors, 2014, 14(8): 14916-14931.

[174] Homberg U, Heinze S, Pfeiffer K, et al. Central neural coding of sky polarization in insects[J]. Philosophical Transactions of the Royal Society of London B: Biological Sciences, 2011, 366(1565): 680-687.

[175] Wehner R. The ant's celestial compass system: spectral and polarization channels[M]. Orientation and communication in arthropods. Birkhäuser, Basel, 1997: 145-185.

[176] Labhart T. Polarization-opponent interneurons in the insect visual system[J]. Nature, 1988, 331

(6155):435-437.

[177] Labhart T,Meyer EP. Neural mechanisms in insect navigation:polarization compass and odometer[J]. Current opinion in neurobiology,2002,12(6):707-714.

[178] Grena R. An algorithm for the computation of the solar position[J]. Solar Energy,2008,82(5):462-470.

[179] 王玉杰,胡小平,练军想,等. 仿生偏振光定向算法及误差分析[J]. 宇航学报,2015,36(2):211-216.

[180] Lacroix S,Mallet A,Chatila R,et al. Rover self localization in planetary-like environments[J]. Proceedings of the Fifth International Symposium, ISAIRAS '99, Noordwijk, the Netherlands, 1999, 440:433.

[181] Olson C F,Matthies L H,Schoppers H,et al. Robust stereo ego-motion for long distance navigation[J]. Proceedings IEEE Conference on Computer Vision and Pattern Recognition. Hilton Head Island,USA, 2000,2:453-458.

[182] Maimone M,Cheng Y,Matthies L. Two years of visual odometry on the mars exploration rovers[J]. Journal of Field Robotics,2007,24(3):169-186.

[183] Fischler M A,Bolles R C. Random sample consensus:a paradigm for model fitting with applications to image analysis and automated cartography[J]. Communications of the ACM,1981,24(6):381-395.

[184] Groves P D. Principles of GNSS,Inertial,and Multisensor Integrated Navigation Systems[M]. London:Artech House,2008.

[185] Kurz D,Himane S B. Inertial sensor-aligned visual feature descriptors[C]. In IEEE Conference on Computer Vision and Pattern Recognition. Colorado Springs,USA,2011:161-166.

[186] Panahandeh G,Zachariah D,Jansson M. Exploiting ground plane constraints for visual-inertial navigation[C]. In IEEE/ION Position, Location and Navigation Symposium. Myrtle Beach, USA, 2012:527-534.

[187] Panahandeh G,Guo C X,Jansson M,et al. Observability analysis of a vision-aided inertial navigation system using planar features on the ground[C]. In IEEE/RSJ International Conference on Intelligent Robots and Systems. Tokyo,Japan,2013:4187-4194.

[188] 皮尔,特莱尔. 非均匀有理B样条[M]. 赵罡,穆国旺,等译. 北京:清华大学出版社,2010.

[189] De Boor C,De Boor C,Mathématicien E U,et al. A practical guide to splines[M]. New York:springer-verlag,1978.